U0199872

陕西茶树地方种质资源图集

江昌俊　胡　歆　纪晓明　班秋艳　余有本　任华江 ◎ 著

科学出版社

北京

内 容 简 介

本书对 22 个类型 109 个小类陕西茶树地方种质资源的植株、定型叶、春梢芽叶、花、果和种子等 35 个性状进行了观测和描述，对它们的茶多酚、氨基酸、咖啡碱和水浸出物的含量进行了检测分析，每份资源配有春梢、春季植株、秋梢、秋季植株和花的原色图片，以及定型叶标本的图片。

本书内容丰富、资料翔实、数据可靠、图文并茂，为我国茶树资源的创新利用、资源保护和新品种选育提供了重要基础资料，可供广大茶叶科技工作者、从事茶叶生产的农业技术人员、农业院校茶学和相关专业的师生阅读参考。

图书在版编目（CIP）数据

陕西茶树地方种质资源图集 / 江昌俊等著. —北京：科学出版社，2018.10

ISBN 978-7-03-059056-5

Ⅰ.①陕… Ⅱ.①江… Ⅲ.①茶树－种质资源－陕西－图集
Ⅳ.①S571.102.4-64

中国版本图书馆CIP数据核字（2018）第228287号

责任编辑：王 静 李 迪 / 责任校对：郑金红
责任印制：肖 兴 / 封面设计：北京图阅盛世文化传媒有限公司

科 学 出 版 社 出版
北京东黄城根北街16号
邮政编码：100717
http://www.sciencep.com

北京汇瑞嘉合文化发展有限公司 印刷
科学出版社发行 各地新华书店经销

*

2018年10月第 一 版 开本：720×1000 1/16
2018年10月第一次印刷 印张：16 1/4
字数：317 000

定价：**268.00元**
（如有印装质量问题，我社负责调换）

资助基金

陕西省农业厅、陕西省林业厅科技专项资金（陕农业发〔2015〕74 号）

信阳师范学院河南省茶树生物学重点实验室开放基金（2018-003）

前言

　　陕南茶区茶树栽培历史悠久，在长期的自然演化和人工选择过程中，形成了丰富的灌木型中小叶种质资源，蕴藏着抗性强、适制绿茶的宝贵材料，是我国尤其是江北茶区种质资源的重要基因库。

　　陕西省农业厅、陕西省林业厅"陕西省茶树种质资源普查及古茶树资源调查与保护"课题组于 2015 年 4 月至 2018 年 4 月对陕西茶树地方种质资源进行了普查和研究，参加课题组的单位和人员名单如下。

　　安徽农业大学茶树生物学与资源利用国家重点实验室：江昌俊、班秋艳、潘铖、王雷刚、潘宇婷、何艳、吴峻琪。

　　陕西苍山秦茶集团有限公司：纪晓明、任华江、胡歆、丁帅涛。

　　西北农林科技大学茶叶研究所：余有本。

　　陕西省西乡县茶叶局：闫满朝。

　　课题组在陕南茶区西乡县、城固县、宁强县、镇巴县、南郑县、紫阳县、旬阳县、汉阴县、岚皋县、平利县、白河县等 11 个县 30 个村 40 余处地方的群体种茶园和野生茶树进行了全面寻访、调查，对收集的种质资源进行观测、拍照、分类，得到 109 份不同类型种质资源，并对这些种质资源进行了编号登记和特征性生化成分检测，获得了大量科学数据和宝贵图片资料。课题组在调研过程中得到了当地政府相关部门和茶企、基层农技人员的大力支持，在此一并表示衷心的感谢！

　　本书内容丰富、资料翔实、数据可靠、图文并茂，为我国茶树资源的创新利用、资源保护和新品种选育提供了重要基础资料，是一部介绍陕西茶树地方种质资源且学术性、科学性和实用性很强的专著。

江昌俊

2018 年 8 月于安徽农业大学

茶树生物学与资源利用国家重点实验室

目录

1 茶树的原产地

多数学者认为，我国是茶树原产地，且我国西南地区是茶树的起源中心。我国西南地区具有特殊的地理环境，有寒温热三带气候，在复杂的地形中未遭受过冰川侵袭，自古便是许多古老植物或新生孤立类群的发源地。山茶科植物起源于白垩纪至新生代第三纪，距今大约7000万年，分布在劳亚古北大陆的热带植物区系，中国属于这一板块。滇、桂、黔毗邻区有多种原始性状的茶树，如大厂茶、广西茶、厚轴茶、大理茶等。在由起源中心向外传播的过程中，由于变异的增加和积累，形成了次生中心或第二起源中心。山茶科植物大部分分布在我国西南地区的云南、广西、贵州、四川等地，该区多处发现野生大茶树，类型之多、数量之大、面积之广，均为世界罕见，这是原产地植物最显著的地理学特征。

2 茶树的传播与变异

2.1 茶树的传播

茶树的传播主要有自然传播与人为传播。从第三纪到第四纪冰期之前,茶树通过自然传播的方式向四周传播,直至第四纪冰期降临,云贵高原以北、南岭北侧等地因冰川侵袭而退缩或毁灭,形成了非连续的块状保存区,故茶树进行分区传播与扩展。第四纪冰期结束后,随着板块的稳定与带状气温的形成,加上后期人类文明社会的开始,茶树逐渐形成了非自然的块状分布区,有学者认为茶树从原产地向我国和世界各地呈扇状向外传播。茶树是异花授粉植物,在传播过程中由于世代基因重组和基因突变,经过自然和人工选择,形成了适应各地自然条件及符合人类需要的不同茶树品种和类型。

2.2 茶树的演化和变异

茶树演化的主要外界因素是地理环境的变迁和人类活动的影响,茶树在系统进化上表现出连续性、阶段性和不可逆性。例如,由乔木型演化为小乔木型、灌木型,树干由单轴演化为合轴,叶片由大叶演化为中、小叶,花冠由大到小,果室由多室到单室,果壳由厚到薄,种皮由粗糙到光滑,酚氨比由高到低，叶肉石细胞由多到少(无)等，这一过程包含着处于各个演化阶段的中间类型。

　　陕西茶区茶树树型以灌木型为主，树姿以半开展为主，这是长期演化的结果，主要受遗传因素的影响，花和果的变异相对较小。茶树叶片是人类利用的原料，是变异最显著的部分，叶片性状如叶形、叶面积、叶色、叶尖、叶缘、叶面和叶脉等不但受遗传因素的控制，而且受个体发育、栽培措施和环境条件的影响。

2.3　陕西茶区生态环境

　　陕西茶区位于陕西南部，是我国北部茶区之一，北屏秦岭、南倚巴山，由于有高大的秦岭北阻冬季寒流入侵，境内气候终年温和湿润，雨量充沛，茶树生长条件优于我国同纬度的东部茶区。陕南茶区与四川盆地属于同一大生态系统，茶树栽培历史悠久，唐代以前属巴蜀茶，唐代陆羽《茶经》将其划归山南茶区，《明史》统称汉中茶。陕南茶区茶树群体种在长期的自然演化和人工选择过程中，形成了适应北亚热带和暖温带生境条件的灌木中小叶类型种质资源，是茶树种质资源的重要基因库。

3 茶树种质资源的类别和地方种质资源特点

种质资源的类别按其来源可分为地方的、外地的、野生的和人工创造的四类，本书观测研究对象为陕西地方和野生种质资源。

地方种质资源对当地生态环境、栽培条件和消费习惯等有比较好的适应性，往往是一个遗传多样性丰富的群体。在1981～1984年陕西茶树资源调查中，程良斌根据茶树分布的地域特点、栽培历史和组成类型，将陕西茶树地方种质资源分为紫阳群体种、西乡大河坝群体种、南郑碑坝群体种、白河歌风群体种、苦茶群体种、宁强广坪群体种和山阳漫川群体种七大群体种。

4 陕西茶树地方种质资源基本性状的观测和分类

4.1 观测地点

　　观测和采集样本的地点记录到市、县、乡（镇）、村或具体茶园，主要有：陕西汉中市西乡县大河镇石马村、楼房村，峡口镇白岩村、江榜村，高川镇八角楼村、鸳鸯池村；城固县二里镇高北村；宁强县青木川镇南坝村；镇巴县兴隆镇水田坝村、大河村、青狮沟村；南郑县福成镇聂家湾村、莲花村。安康市紫阳县向阳镇营梁村、址凤村，红椿镇尚坝村，焕古镇东红村、大连村、腊竹村、黑龙池村，城关镇和平村、青中村，麻柳镇赵溪村、染房村；旬阳县红军镇庙湾村；汉阴县漩涡镇群英村；岚皋县蔺河镇茶园村；平利县广佛镇香河村，城关镇三里垭村；白河县宋家镇双喜村等11个县30个村的40余处地方群体种茶园和野生茶树资源。

4.2 观测方法

　　对茶树种质资源包括植株、春梢和芽叶、秋梢和芽叶、花、果实及种子等35项基本性状进行观测、拍照，淘汰重复材料。35项基本性状大多是微效多基因控制的数量性状，性状表现也受环境影响，因此同一性状千差万别，如叶面积、叶形、叶色等。我们根据当地种质资源表现的具体性状，结合规范标准，采用尽可能少的级别进行描述。

4.2.1 植株

(1) 树型

目测自然生长的植株，依据植株主干和分枝情况确定树型。灌木型：从颈部分枝，无明显主干。小乔木型：基部主干明显，中上部不明显。乔木型：从下部到中上部有明显主干。

(2) 树姿

用量角器测量，灌木型茶树测量外轮骨干枝与地面垂直线的夹角，乔木型和小乔木型茶树测量一级分枝与地面垂直线的夹角，依据所测量夹角的平均值确定树姿。直立：夹角≤30°。半开张：30°＜夹角≤50°。开张：夹角＞50°。

4.2.2 春季新梢

(1) 新梢密度

春季一芽二叶期时，随机取3个点，测定每点(33.3cm×33.3cm)10cm叶层范围内萌动芽的芽梢数，分为稀、中、密3个级别。稀：灌木型和小乔木型＜80个，乔木型＜50个。中：80个≤灌木型和小乔木型＜120个，50个≤乔木型＜90个。密：灌木型和小乔木型≥120个，乔木型≥90个。

(2) 一芽三叶长

测量从基部至芽基(生长点)一芽三叶的长度，结果用平均值表示。

(3) 一芽三叶百芽重

从新梢鱼叶叶位处随机采摘一芽三叶，称百芽重，结果用平均值表示。

(4) 芽叶色泽

随机观察一芽二叶，分为黄绿、浅绿、绿、紫绿，以多数样本为代表。

(5) 芽叶茸毛

观察芽叶茸毛，用龙井43作为"少毛"，福鼎大白茶作为"多毛"的判别标准，分为多、中、少3个级别，以多数样本为代表。

(6) 芽叶光泽性

观察芽叶光泽性，分为强、中、弱3个级别，以多数样本为代表。

4.2.3　秋季定型叶叶片

（1）叶长

测量叶片基部至叶尖长度，结果用平均值表示。

（2）叶宽

测量叶片最大宽度，结果用平均值表示。

（3）叶面积

叶面积=叶长×叶宽×0.7，分为大叶、中叶、小叶3个级别。大叶：叶面积>40cm^2。中叶：20cm^2≤叶面积≤40cm^2。小叶：叶面积<20cm^2。

（4）叶形

叶形指数=长/宽，分为近圆形、椭圆形、长椭圆形、披针形4个级别，以多数样本为代表。近圆形：叶形指数<2.0。椭圆形：2.0≤叶形指数<2.5。长椭圆形：2.5≤叶形指数<4.0。披针形：叶形指数≥4.0。

（5）叶色

感官判断叶片正面的颜色，分为灰绿、浅绿、绿、深绿，以多数样本为代表。

（6）叶面隆起性

感官判断叶片正面的隆起程度，分为隆起、微隆起、平3个级别，以多数样本为代表。

（7）叶片着生角度

用量角器测量当年生枝干中部成熟叶片与茎干的夹角，分为上斜、稍上斜、水平、下垂4个级别，以多数样本为代表。上斜：夹角<45°。稍上斜：45°≤夹角≤80°。水平：81°≤夹角≤90°。下垂：夹角>90°。

（8）叶面光泽性

感官判断叶片正面的光泽性，分为强、中、暗3个级别，以多数样本为代表。

（9）叶身

主脉两侧叶片的夹角状态，分为稍内折、平、背卷3个级别，以多数样本为代表。

（10）叶缘

叶片边缘的形态，分为平直状、微波状、波状3个级别，以多数样本为代表。

（11）叶齿

叶齿的性状分为锐度、密度和深度。锐度分为锐、中、钝3个级别。密度分为稀、中、密3个级别。稀：1cm内锯齿数小于3个。中：1cm内锯齿数为3～4个。密：1cm内锯齿数大于或等于5个。叶齿的深度分为浅、中、深3个级别。

(12)叶片厚度

测量叶片中间主脉旁边的厚度，结果用平均值表示。

(13)叶尖

叶片端部的形态分为急尖、渐尖、钝尖、圆尖4个级别，以多数样本为代表。急尖：叶尖较短而尖锐。渐尖：叶尖较长，呈逐渐斜尖。钝尖：叶尖钝而不锐。圆尖：叶尖近圆形。

4.2.4　花

(1)花柱长度

花柱长度为花柱基部至顶端的长度，结果用平均值表示。

(2)花柱分裂部位

花柱分裂部位分为上部、中部、下部3个级别。上部：开裂部分小于花柱总长的1/3。中部：开裂部分等于或大于花柱总长的1/3，小于2/3。下部：开裂部分等于或大于花柱总长的2/3。

(3)花柱分裂数

花柱分裂数是指花柱顶端的分裂个数。

(4)子房茸毛

子房茸毛分为有和无，以多数样本为代表。

(5)花丝长度

花丝长度为花丝基部至顶端的长度，结果用平均值表示。

(6)雌雄蕊相对高度

雌雄蕊相对高度是指雌蕊对雄蕊的相对高度，分为高于、等于、低于3个级别，以多数样本为代表。

4.2.5　果实和种子

(1)结实力

结实力分为强、中、弱、无4个级别。

(2)果实形状

果实形状分为球形、肾形、三角形、四方形、梅花形、不规则形。

(3)果实大小

十字形测量鲜果的直径，结果用平均值表示。

(4) 果皮厚度

测量果皮中部的厚度，结果用平均值表示。

(5) 种子形状

种子形状分为球形、半球形等，以多数样本为代表。

(6) 种子重量

称取成熟饱满种子的重量，结果用平均值表示。

(7) 种子大小

测量种子的十字形直径，分为大、中、小3个级别，结果用平均值表示。大：种子直径＞14mm。中：12mm≤种子直径≤14mm。小：种子直径＜12mm。

(8) 种皮色泽

感官判断种皮色泽，分为褐色、棕褐色、棕色等，以多数样本为代表。

4.2.6　特征性生化成分检测

采摘一芽三叶，微波炉处理3min，置于装有硅胶的自封袋中保存。

对每份种质资源茶多酚、氨基酸、咖啡碱、水浸出物特征性生化成分进行检测，茶多酚含量参照GB/T 8313—2008《茶叶中茶多酚和儿茶素类含量的检测方法》、游离氨基酸总量参照GB/T 8314—2013《茶 游离氨基酸总量的测定》、咖啡碱含量参照GB/T 8312—2013《茶 咖啡碱测定》、水浸出物含量参照GB/T 8305—2013《茶 水浸出物测定》的方法测定。

陕西茶树地方种质资源特征性生化成分具有丰富的多样性，茶多酚最小值为7.38%，最大值为21.62%，变异系数为21.06%，多样性指数为2.08；氨基酸最小值为1.06%，最大值为4.81%，变异系数为27.85%，多样性指数为1.96；咖啡碱最小值为0.32%，最大值为5.28%，变异系数为48.42%，多样性指数为1.97；水浸出物最小值为32.36%，最大值为55.54%，变异系数为10.17%，多样性指数为2.05；酚氨比最小值为2.16，最大值为14.99，变异系数为32.52%，多样性指数为1.97。生化成分的多样性是遗传多样性的直接表现形式，为资源的开发利用奠定了基础。

4.3　陕西茶树地方种质资源类型的分类

茶树是异花授粉植物，在长期的有性繁殖和进化过程中，造成地方群体种个体之间的基因型千差万别，每个个体单株基因型可能都有差异，只不过人们通过肉眼无法从形态上加以区别。当种质资源的植株、枝梢、叶片、花、果实和种子基本性状差异达到一定程度时，人们通过肉眼即能从形态上加以区别。我们根据35项基本性状差异将陕西茶树地方种质资源所有个体单株划分为109个小类，编号001、002……109。陕西茶树地方种质资源根据分布地域划分的7个群体种中每个群体种都是由这109个类型中若干个类型组成的，每个群体种组成的类型存在重复和交叉。

茶树是叶用作物，叶片是人类利用的材料，在生产上人们习惯以叶片大小、形状或颜色给品种或类型命名，以便于在生产上加以区别，如大叶种、中叶种、小叶种，柳叶种、瓜子种，紫鹃、白叶1号、黄金芽等。我们根据定型叶叶片大小、叶形和叶色3项叶片基本表型性状，将109个小类归属为22个大类，编号1、2……22。

5 陕西茶树地方种质资源基本性状、特征性生化成分及原色图谱

类型 1 大叶、长椭圆形、叶色深绿

类型 1-001

灌木型，树姿半开张，大叶类。

春季新梢芽叶色泽黄绿，一芽三叶长129.00mm，一芽三叶百芽重132.2g。芽叶茸毛少，光泽性强，新梢密度中(图1.1，图1.2)。

秋季定型叶叶长146mm，叶宽55mm，叶面积56.21cm^2。叶形长椭圆形，叶片厚0.36mm，叶色深绿，叶面平，叶片呈水平状着生，光泽性强，叶身稍内折，叶缘微波状，叶齿锐度中、密度稀、深度浅，叶尖渐尖(图1.3～图1.5)。

花柱上部分裂，柱头分3裂，花柱长13.0mm，花丝长12.0mm，雌蕊高于雄蕊，子房有茸毛(图1.6)。果实三角形，果皮厚0.89mm；种子半球形，直径9.50mm，种皮棕色。结实力弱。

秋季一芽三叶干样茶多酚16.29%，氨基酸2.44%，咖啡碱1.51%，水浸出物32.36%。

图 1.1 春梢

图 1.2 植株（春）

图 1.3 秋梢

图 1.4 植株（秋）

图 1.5 叶片（秋）

图 1.6 花

类型2 大叶、长椭圆形、叶色绿

类型2-002

灌木型，树姿半开张，大叶类。

春季新梢芽叶色泽黄绿，一芽三叶长64.00mm，一芽三叶百芽重88.0g。芽叶茸毛多，光泽性强，新梢密度密(图2.1，图2.2)。

秋季定型叶叶长137mm，叶宽51mm，叶面积48.91cm²。叶形长椭圆形，叶片厚0.25mm，叶色绿，叶面微隆起，叶片呈稍上斜状着生，光泽性中，叶身稍内折，叶缘微波状，叶齿锐度锐、密度密、深度浅，叶尖渐尖(图2.3～图2.5)。

花柱上部分裂，柱头分3裂，花柱长15.0mm，花丝长10.5mm，雌蕊高于雄蕊，子房有茸毛(图2.6)。果实三角形，直径27.9mm，果皮厚1.22mm；种子球形，重1.96g，直径14.50mm，种皮棕褐色。结实力弱。

秋季一芽三叶干样茶多酚17.10%，氨基酸2.30%，咖啡碱1.89%，水浸出物47.31%。

图2.1 春梢

图2.2 植株（春）

图 2.3 秋梢

图 2.4 植株（秋）

图 2.5 叶片（秋）

图 2.6 花

类型2-003

灌木型，树姿半开张，大叶类。

春季新梢芽叶色泽浅绿，一芽三叶长108.00mm，一芽三叶百芽重130.0g。芽叶茸毛中，光泽性中，新梢密度中(图3.1，图3.2)。

秋季定型叶叶长137mm，叶宽46mm，叶面积44.11cm^2。叶形长椭圆形，叶片厚0.30mm，叶色绿，叶面平，叶片呈上斜状着生，光泽性中，叶身平，叶缘平直状，叶齿锐度锐、密度中、深度中，叶尖渐尖(图3.3～图3.5)。

花柱上部分裂，柱头分3裂，花柱长13.0mm，花丝长11.0mm，雌蕊高于雄蕊，子房有茸毛(图3.6)。

秋季一芽三叶干样茶多酚9.37%，氨基酸2.44%，咖啡碱2.85%，水浸出物35.77%。

图 3.1 春梢

图 3.2 植株（春）

图 3.3　秋梢

图 3.4　植株（秋）

图 3.5　叶片（秋）

图 3.6　花

类型3 大叶、椭圆形、叶色深绿

灌木型，树姿半开张，大叶类。

春季新梢芽叶色泽黄绿，一芽三叶长55.00mm，一芽三叶百芽重87.0g。芽叶茸毛多，光泽性强，新梢密度密（图4.1，图4.2）。

秋季定型叶叶长132mm，叶宽53mm，叶面积48.97cm²。叶形椭圆形，叶片厚0.37mm，叶色深绿，叶面隆起，叶片呈上斜状着生，光泽性强，叶身稍内折，叶缘微波状，叶齿锐度锐、密度中、深度浅，叶尖渐尖（图4.3～图4.5）。

花柱上部分裂，柱头分3裂，花柱长13.0mm，花丝长11.0mm，雌蕊高于雄蕊，子房有茸毛（图4.6）。结实力弱。

秋季一芽三叶干样茶多酚14.21%，氨基酸2.13%，咖啡碱1.83%，水浸出物41.12%。

图 4.1 春梢　　　　　　　　　　　图 4.2 植株（春）

图 4.3 秋梢

图 4.4 植株（秋）

图 4.5 叶片（秋）

图 4.6 花

类型3-005

灌木型，树姿半开张，大叶类。

春季新梢芽叶色泽浅绿，一芽三叶长128.00mm，一芽三叶百芽重149.0g。芽叶茸毛中，光泽性中，新梢密度密（图5.1，图5.2）。

秋季定型叶叶长125mm，叶宽58mm，叶面积50.75cm^2。叶形椭圆形，叶片厚0.36mm，叶色深绿，叶面隆起，叶片呈稍上斜状着生，光泽性强，叶身平，叶缘微波状，叶齿锐度锐、密度中、深度浅，叶尖渐尖（图5.3～图5.5）。

花柱上部分裂，柱头分3裂，花柱长16.0mm，花丝长13.0mm，雌蕊高于雄蕊，子房有茸毛（图5.6）。结实力弱。

秋季一芽三叶干样茶多酚15.13%，氨基酸2.43%，咖啡碱1.76%，水浸出物41.05%。

图5.1　春梢

图5.2　植株（春）

图 5.3　秋梢

图 5.4　植株（秋）

图 5.5　叶片（秋）

图 5.6　花

类型3-006

灌木型，树姿半开张，大叶类。

春季新梢芽叶色泽浅绿，一芽三叶长62.50mm，一芽三叶百芽重77.0g。芽叶茸毛中，光泽性强，新梢密度密（图6.1，图6.2）。

秋季定型叶叶长128mm，叶宽52mm，叶面积46.59cm²。叶形椭圆形，叶片厚0.37mm，叶色深绿，叶面微隆起，叶片呈稍上斜状着生，光泽性强，叶身稍内折，叶缘波状，叶齿锐度中、密度稀、深度中，叶尖渐尖（图6.3～图6.5）。

花柱上部分裂，柱头分3裂，花柱长16.0mm，花丝长12.0mm，雌蕊高于雄蕊，子房有茸毛（图6.6）。果实肾形，直径22.5mm，果皮厚0.74mm；种子球形，重2.23g，直径15.62mm，种皮棕色。结实力弱。

秋季一芽三叶干样茶多酚16.32%，氨基酸2.44%，咖啡碱2.15%，水浸出物46.71%。

图 6.1　春梢

图 6.2　植株（春）

图 6.3　秋梢

图 6.4　植株（秋）

图 6.5　叶片（秋）

图 6.6　花

类型3-007

灌木型，树姿半开张，大叶类。

春季新梢芽叶色泽黄绿，一芽三叶长91.60mm，一芽三叶百芽重90.6g。芽叶茸毛少，光泽性中，新梢密度中(图7.1，图7.2)。

秋季定型叶叶长118mm，叶宽54mm，叶面积44.60cm²。叶形椭圆形，叶片厚0.26mm，叶色深绿，叶面微隆起，叶片呈稍上斜状着生，光泽性强，叶身稍内折，叶缘微波状，叶齿锐度锐、密度中、深度深，叶尖渐尖(图7.3～图7.5)。

花柱上部分裂，柱头分3裂，花柱长14.5mm，花丝长13.0mm，雌蕊高于雄蕊，子房有茸毛(图7.6)。果实三角形，直径23.4mm，果皮厚0.74mm；种子半球形，重1.15g，直径10.65mm，种皮棕褐色。结实力中。

秋季一芽三叶干样茶多酚21.62%，氨基酸2.91%，咖啡碱2.25%，水浸出物38.79%。

图 7.1　春梢

图 7.2　植株（春）

图 7.3　秋梢

图 7.4　植株（秋）

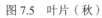

图 7.5　叶片（秋）

图 7.6　花

类型3-008

灌木型，树姿半开张，大叶类。

春季新梢芽叶色泽绿，一芽三叶长81.00mm，一芽三叶百芽重85.0g。芽叶茸毛中，光泽性中，新梢密度中(图8.1，图8.2)。

秋季定型叶叶长113mm，叶宽53mm，叶面积41.92cm²。叶形椭圆形，叶片厚0.26mm，叶色深绿，叶面平，叶片呈稍上斜状着生，光泽性中，叶身背卷，叶缘波状，叶齿锐度锐、密度中、深度浅，叶尖渐尖(图8.3～图8.5)。

秋季一芽三叶干样茶多酚9.52%，氨基酸2.37%，咖啡碱3.02%，水浸出物37.08%。

图 8.1　春梢

图 8.2　植株（春）

图 8.3　秋梢

图 8.4　植株（秋）

图 8.5　叶片（秋）

类型4　大叶、椭圆形、叶色绿

类型4-009

灌木型，树姿半开张，大叶类。

春季新梢芽叶色泽浅绿，一芽三叶长73.00mm，一芽三叶百芽重64.0g。芽叶茸毛多，光泽性中，新梢密度密（图9.1，图9.2）。

秋季定型叶叶长140mm，叶宽63mm，叶面积61.74cm²。叶形椭圆形，叶片厚0.18mm，叶色绿，叶面隆起，叶片呈上斜状着生，光泽性中，叶身平，叶缘平直状，叶齿锐度钝、密度稀、深度浅，叶尖渐尖（图9.3～图9.5）。

秋季一芽三叶干样茶多酚7.73%，氨基酸1.66%，咖啡碱1.49%，水浸出物34.00%。

图9.1　春梢

图9.2　植株（春）

图 9.3 秋梢 图 9.4 植株（秋）

图 9.5 叶片（秋）

类型4-010

灌木型，树姿半开张，大叶类。

春季新梢芽叶色泽浅绿，一芽三叶长73.00mm，一芽三叶百芽重95.0g。芽叶茸毛多，光泽性强，新梢密度密（图10.1，图10.2）。

秋季定型叶叶长112mm，叶宽54mm，叶面积42.34cm^2。叶形椭圆形，叶片厚0.22mm，叶色绿，叶面微隆起，叶片呈上斜状着生，光泽性中，叶身平，叶缘波状，叶齿锐度锐、密度稀、深度浅，叶尖渐尖（图10.3～图10.5）。

秋季一芽三叶干样茶多酚15.17%，氨基酸4.81%，咖啡碱2.50%，水浸出物47.05%。

图10.1　春梢

图10.2　植株（春）

图 10.3　秋梢

图 10.4　植株（秋）

图 10.5　叶片（秋）

类型4-011

灌木型，树姿半开张，大叶类。

春季新梢芽叶色泽浅绿，一芽三叶长76.00mm，一芽三叶百芽重92.0g。芽叶茸毛中，光泽性中，新梢密度密(图11.1，图11.2)。

秋季定型叶叶长125mm，叶宽58mm，叶面积50.75cm²。叶形椭圆形，叶片厚0.26mm，叶色绿，叶面微隆起，叶片呈上斜状着生，光泽性中，叶身稍内折，叶缘波状，叶齿锐度中、密度中、深度浅，叶尖渐尖(图11.3～图11.5)。

花柱上部分裂，柱头分3裂，花柱长13.0mm，花丝长13.0mm，雌蕊与雄蕊同高，子房有茸毛(图11.6)。果实肾形，直径23.5mm，果皮厚0.73mm；种子球形，重1.86g，直径14.90mm，种皮棕褐色。结实力中。

秋季一芽三叶干样茶多酚21.37%，氨基酸2.62%，咖啡碱3.20%，水浸出物44.23%。

图 11.1　春梢

图 11.2　植株（春）

图 11.3　秋梢

图 11.4　植株（秋）

图 11.5　叶片（秋）

图 11.6　花

类型4-012

灌木型，树姿半开张，大叶类。

春季新梢芽叶色泽浅绿，一芽三叶长73.00mm，一芽三叶百芽重64.0g。芽叶茸毛多，光泽性中，新梢密度密(图12.1，图12.2)。

秋季定型叶叶长138mm，叶宽56mm，叶面积54.10cm^2。叶形椭圆形，叶片厚0.51mm，叶色绿，叶面微隆起，叶片呈稍上斜状着生，光泽性强，叶身平，叶缘微波状，叶齿锐度锐、密度中、深度中，叶尖渐尖(图12.3，图12.4)。

花柱中部分裂，柱头分3裂，花柱长17.0mm，花丝长15.0mm，雌蕊高于雄蕊，子房有茸毛(图12.5)。果实肾形，直径25.0mm，果皮厚0.93mm；种子球形，重0.92g，直径12.60mm，种皮棕色。结实力中。

秋季一芽三叶干样茶多酚16.75%，氨基酸2.31%，咖啡碱1.87%，水浸出物43.31%。

图12.1　春梢

图12.2　植株（春）

图 12.3 植株（秋）

图 12.4 叶片（秋）

图 12.5 花

类型4-013

灌木型，树姿半开张，大叶类。

春季新梢芽叶色泽黄绿，一芽三叶长102.00mm，一芽三叶百芽重86.0g。芽叶茸毛少，光泽性中，新梢密度中(图13.1，图13.2)。

秋季定型叶叶长125mm，叶宽60mm，叶面积52.50cm^2。叶形椭圆形，叶片厚0.21mm，叶色绿，叶面微隆起，叶片呈稍上斜状着生，光泽性中，叶身背卷，叶缘波状，叶齿锐度锐、密度中、深度浅，叶尖渐尖(图13.3~图13.5)。

花柱中部分裂，柱头分3裂，花柱长13.0mm，雌蕊高于雄蕊，子房有茸毛(图13.6)。

秋季一芽三叶干样茶多酚14.10%，氨基酸1.67%，咖啡碱0.32%，水浸出物47.65%。

图 13.1　春梢

图 13.2　植株（春）

图 13.3　秋梢

图 13.4　植株（秋）

图 13.5　叶片（秋）

图 13.6　花

类型4-014

灌木型，树姿半开张，大叶类。

春季新梢芽叶色泽黄绿，一芽三叶长62.50mm，一芽三叶百芽重62.0g。芽叶茸毛多，光泽性中，新梢密度密（图14.1，图14.2）。

秋季定型叶叶长133mm，叶宽54mm，叶面积50.27cm²。叶形椭圆形，叶片厚0.24mm，叶色绿，叶面微隆起，叶片呈水平状着生，光泽性中，叶身稍内折，叶缘微波状，叶齿锐度锐、密度稀、深度浅，叶尖渐尖（图14.3～图14.5）。

花柱中部分裂，柱头分3裂，花柱长16.0mm，花丝长14.0mm，雌蕊高于雄蕊，子房有茸毛（图14.6）。果实三角形，直径25.5mm，果皮厚0.93mm；种子半球形，重0.84g，直径9.30mm，种皮棕褐色。结实力弱。

秋季一芽三叶干样茶多酚7.38%，氨基酸1.77%，咖啡碱1.70%，水浸出物32.72%。

图 14.1 春梢

图 14.2 植株（春）

图 14.3 秋梢

图 14.5 叶片（秋）

图 14.4 植株（秋）

图 14.6 花

类型4-015

灌木型，树姿半开张，大叶类。

春季新梢芽叶色泽浅绿，一芽三叶长75.00mm，一芽三叶百芽重83.0g。芽叶茸毛少，光泽性中，新梢密度中(图15.1，图15.2)。

秋季定型叶叶长110mm，叶宽52mm，叶面积40.04cm²。叶形椭圆形，叶片厚0.22mm。叶色绿，叶面平，叶片呈上斜状着生，光泽性中，叶身平，叶缘平直状，叶齿锐度锐、密度中、深度浅，叶尖渐尖(图15.3～图15.5)。

花柱上部分裂，柱头分3裂，花柱长13.0mm，花丝长15.0mm，雌蕊低于雄蕊，子房有茸毛(图15.6)。果实三角形，直径24.0mm，果皮厚0.87mm；种子球形，重2.21g，直径15.60mm，种皮棕色。结实力中。

秋季一芽三叶干样茶多酚9.25%，氨基酸3.09%，咖啡碱1.03%，水浸出物36.13%。

图 15.1　春梢

图 15.2　植株（春）

图 15.3　秋梢　　　　　　　　　　　　　　　　图 15.4　植株（秋）

图 15.5　叶片（秋）　　　　　　　　　　　　　图 15.6　花

类型4-016

灌木型，树姿半开张，大叶类。

春季新梢芽叶色泽浅绿，一芽三叶长116.00mm，一芽三叶百芽重98.0g。芽叶茸毛少，光泽性中，新梢密度中（图16.1，图16.2）。

秋季定型叶叶长138mm，叶宽55mm，叶面积53.13cm²。叶形椭圆形，叶片厚0.28mm。叶色绿，叶面平，叶片呈稍上斜状着生，光泽性强，叶身平，叶缘波状，叶齿锐度锐、密度中、深度深，叶尖渐尖（图16.3～图16.5）。

花柱中部分裂，柱头分3裂，花柱长12.0mm，花丝长15.0mm，雌蕊低于雄蕊，子房有茸毛（图16.6）。果实肾形，直径24.5mm，果皮厚0.83mm；种子球形，重0.72g，直径12.34mm，种皮褐色。结实力弱。

秋季一芽三叶干样茶多酚15.10%，氨基酸2.30%，咖啡碱2.89%，水浸出物43.53%。

图16.1　春梢　　　　　　　　　　　图16.2　植株（春）

图 16.3　秋梢　　　　　　　　　　图 16.4　植株（秋）

图 16.5　叶片（秋）　　　　　　　　图 16.6　花

类型5 大叶、椭圆形、叶色浅绿

类型5-017

灌木型，树姿半开张，大叶类。

春季新梢芽叶色泽黄绿，一芽三叶长71.35mm，一芽三叶百芽重36.5g。芽叶茸毛少，光泽性中，新梢密度稀（图17.1，图17.2）。

秋季定型叶叶长123mm，叶宽51mm，叶面积43.91cm²。叶形椭圆形，叶片厚0.22mm，叶色浅绿，叶面微隆起，叶片呈上斜状着生，光泽性中，叶身平，叶缘平直波状，叶齿锐度锐、密度中、深度浅，叶尖渐尖（图17.3，图17.4）。

花柱上部分裂，柱头分4裂，花柱长15.0mm，花丝长12.0mm，雌蕊高于雄蕊，子房有茸毛（图17.5）。果实三角形，直径20.0mm，果皮厚0.97mm；种子球形，重1.26g，直径12.80mm，种皮棕褐色。结实力中。

秋季一芽三叶干样茶多酚21.13%，氨基酸2.89%，咖啡碱1.20%，水浸出物48.63%。

图 17.1 春梢

图 17.2 植株（春）

图 17.3　秋梢

图 17.4　叶片（秋）

图 17.5　花

类型5-018

灌木型，树姿半开张，大叶类。

春季新梢芽叶色泽浅绿，一芽三叶长85.00mm，一芽三叶百芽重38.0g。芽叶茸毛中，光泽性中，新梢密度稀(图18.1，图18.2)。

秋季定型叶叶长112mm，叶宽55mm，叶面积43.12cm²。叶形椭圆形，叶片厚0.39mm，叶色浅绿，叶面微隆起，叶片呈水平状着生，光泽性中，叶身平，叶缘平直状，叶齿锐度锐、密度密、深度浅，叶尖渐尖(图18.3～图18.5)。

花柱中部分裂，柱头分3裂，花柱长15.0mm，花丝长17.0mm，雌蕊低于雄蕊，子房有茸毛(图18.6)。果实肾形，直径21.2mm，果皮厚0.87mm；种子球形，重2.33g，直径13.17mm，种皮褐色。结实力弱。

秋季一芽三叶干样茶多酚11.38%，氨基酸1.69%，咖啡碱1.32%，水浸出物45.25%。

图 18.1 春梢

图 18.2 植株（春）

图 18.3　秋梢

图 18.4　植株（秋）

图 18.5　叶片（秋）

图 18.6　花

类型6　大叶、近圆形、叶色深绿

类型6-019

　　灌木型，树姿半开张，大叶类。

　　春季新梢芽叶色泽黄绿，一芽三叶长72.00mm，一芽三叶百芽重74.0g。芽叶茸毛多，光泽性强，新梢密度密（图19.1，图19.2）。

　　秋季定型叶叶长125mm，叶宽85mm，叶面积74.38cm^2。叶形近圆形，叶片厚0.41mm，叶色深绿，叶面微隆起，叶片呈稍上斜状着生，光泽性强，叶身稍内折，叶缘平直状，叶齿锐度锐、密度稀、深度中，叶尖圆尖（图19.3～图19.5）。

　　花柱中部分裂，柱头分3裂，花柱长17.0mm，花丝长15.0mm，雌蕊高于雄蕊，子房有茸毛。果实三角形，直径26.5mm，果皮厚1.32mm；种子球形，重1.00g，直径14.31mm，种皮棕褐色。结实力弱。

　　秋季一芽三叶干样茶多酚15.98%，氨基酸3.16%，咖啡碱0.80%，水浸出物43.89%。

图 19.1　春梢

图 19.2　植株（春）

图 19.3　秋梢

图 19.4　植株（秋）

图 19.5　叶片（秋）

类型7 大叶、近圆形、叶色绿

类型7-020

灌木型，树姿半开张，大叶类。

春季新梢芽叶色泽浅绿，一芽三叶长55.00mm，一芽三叶百芽重86.0g。芽叶茸毛中，光泽性强，新梢密度密（图20.1，图20.2）。

秋季定型叶叶长107mm，叶宽55mm，叶面积41.20cm^2。叶形近圆形，叶片厚0.22mm，叶色绿，叶面微隆起，叶片呈水平状着生，光泽性中，叶身平，叶缘微波状，叶齿锐度锐、密度中、深度深，叶尖渐尖（图20.3～图20.5）。

花柱上部分裂，柱头分3裂，花柱长12.0mm，花丝长12.0mm，雌蕊等于雄蕊，子房有茸毛（图20.6）。果实三角形，直径20.0mm，果皮厚1.01mm；种子球形，重0.89g，直径11.80mm，种皮棕褐色。结实力中。

秋季一芽三叶干样茶多酚9.60%，氨基酸1.73%，咖啡碱1.94%，水浸出物32.86%。

图 20.1　春梢

图 20.2　植株（春）

图 20.3　秋梢

图 20.4　植株（秋）

图 20.5　叶片（秋）

图 20.6　花

类型7-021

灌木型，树姿半开张，大叶类。

春季新梢芽叶色泽黄绿，一芽三叶长55.00mm，一芽三叶百芽重56.0g。芽叶茸毛中，光泽性强，新梢密度中(图21.1，图21.2)。

秋季定型叶叶长108mm，叶宽62mm，叶面积46.87cm^2。叶形近圆形，叶片厚0.19mm，叶色绿，叶面平，叶片呈稍上斜状着生，光泽性中，叶身平，叶缘平直状，叶齿锐度锐、密度中、深度浅，叶尖钝尖(图21.3～图21.5)。

花柱上部分裂，柱头分3裂，花柱长10.0mm，花丝长11.0mm，雌蕊低于雄蕊，子房有茸毛(图21.6)。

秋季一芽三叶干样茶多酚12.27%，氨基酸1.81%，咖啡碱0.62%，水浸出物39.01%。

图 21.1 春梢   图 21.2 植株（春）

图 21.3　秋梢

图 21.4　植株（秋）

图 21.5　叶片（秋）

图 21.6　花

类型8　中叶、长椭圆形、叶色深绿

类型8-022

灌木型，树姿半开张，中叶类。

春季新梢芽叶色泽黄绿，一芽三叶长88.20mm，一芽三叶百芽重79.7g。芽叶茸毛中，光泽性强，新梢密度中（图22.1，图22.2）。

秋季定型叶叶长104mm，叶宽39mm，叶面积28.39cm^2。叶形长椭圆形，叶片厚0.29mm，叶色深绿，叶面微隆起，叶片呈稍上斜状着生，光泽性中，叶身稍内折，叶缘微波状，叶齿锐度锐、密度中、深度浅，叶尖渐尖。

花柱上部分裂，柱头分3裂，花柱长17.0mm，花丝长12.0mm，雌蕊高于雄蕊，子房有茸毛。果实三角形，直径28.0mm，果皮厚0.76mm，种子球形；重0.73g，种皮褐色。结实力强。

图22.1　春梢

图22.2　植株（春）

类型8-023

灌木型，树姿半开张，中叶类。

春季新梢芽叶色泽黄绿，一芽三叶长89.50mm，一芽三叶百芽重90.2g。芽叶茸毛少，光泽性中，新梢密度中(图23.1，图23.2)。

秋季定型叶叶长111mm，叶宽39mm，叶面积30.30cm^2。叶形长椭圆形，叶片厚0.26mm，叶色深绿，叶面微隆起，叶片呈稍上斜状着生，光泽性中，叶身稍内折，叶缘微波状，叶齿锐度中、密度中、深度中，叶尖渐尖(图23.3～图23.5)。

花柱上部分裂，柱头分3裂，花柱长13.0mm，花丝长14.0mm，雌蕊低于雄蕊，子房有茸毛。果实三角形，直径23.0mm，果皮厚1.75mm；种子球形，重1.09g，直径13.00mm，种皮棕褐色。结实力弱。

秋季一芽三叶干样茶多酚15.97%，氨基酸1.89%，咖啡碱1.36%，水浸出物43.47%。

图 23.1 春梢

图 23.2 植株（春）

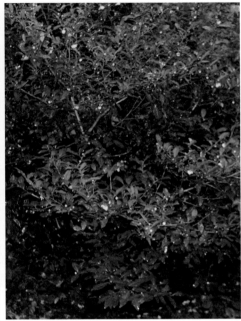

图 23.3　秋梢　　　　　　　　　　　　　图 23.4　植株（秋）

图 23.5　叶片（秋）

类型8-024

灌木型，树姿半开张，中叶类。

春季新梢芽叶色泽紫绿，一芽三叶长54.00mm，一芽三叶百芽重36.0g。芽叶茸毛少，光泽性中，新梢密度密（图24.1，图24.2）。

秋季定型叶叶长90mm，叶宽35mm，叶面积22.05cm^2。叶形长椭圆形，叶片厚0.18mm，叶色深绿，叶面微隆起，叶片呈水平状着生，光泽性强，叶身平，叶缘微波状，叶齿锐度锐、密度中、深度浅，叶尖渐尖（图24.3～图24.5）。

花柱上部分裂，柱头分3裂，花柱长13.0mm，花丝长11.0mm，雌蕊高于雄蕊，子房有茸毛（图24.6）。果实三角形，直径25.2mm，果皮厚0.62mm；种子球形，重1.68g，直径14.10mm，种皮棕褐色。结实力中。

秋季一芽三叶干样茶多酚13.79%，氨基酸3.24%，咖啡碱1.11%，水浸出物39.01%。

图 24.1 春梢

图 24.2 植株（春）

图 24.3　秋梢

图 24.4　植株（秋）

图 24.5　叶片（秋）

图 24.6　花

类型8-025

灌木型，树姿半开张，中叶类。

春季新梢芽叶色泽黄绿，一芽三叶长130.00mm，一芽三叶百芽重132.0g。芽叶茸毛少，光泽性中，新梢密度中（图25.1，图25.2）。

秋季定型叶叶长110mm，叶宽38mm，叶面积29.26cm²。叶形长椭圆形，叶片厚0.28mm，叶色深绿，叶面平，叶片呈上斜状着生，光泽性强，叶身稍内折，叶缘波状，叶齿锐度锐、密度中、深度浅，叶尖渐尖（图25.3～图25.5）。

花柱上部分裂，柱头分3裂，花柱长15.0mm，花丝长13.0mm，雌蕊高于雄蕊，子房有茸毛（图25.6）。果实三角形，直径27.0mm，果皮厚0.81mm；种子球形，重2.40g，直径15.20mm，种皮褐色。结实力弱。

秋季一芽三叶干样茶多酚18.37%，氨基酸2.37%，咖啡碱0.89%，水浸出物45.99%。

图25.1 春梢　　　　　　　　　　　图25.2 植株（春）

图 25.3　秋梢

图 25.4　植株（秋）

图 25.5　叶片（秋）

图 25.6　花

类型8-026

灌木型，树姿半开张，中叶类。

春季新梢芽叶色泽黄绿，一芽三叶长95.00mm，一芽三叶百芽重79.0g。芽叶茸毛少，光泽性中，新梢密度中（图26.1，图26.2）。

秋季定型叶叶长106mm，叶宽33mm，叶面积24.49cm²。叶形长椭圆形，叶片厚0.34mm，叶色深绿，叶面平，叶片呈稍上斜状着生，光泽性强，叶身稍内折，叶缘波状，叶齿锐度锐、密度稀、深度浅，叶尖急尖（图26.3～图26.5）。

花柱上部分裂，柱头分3裂，花柱长13.0mm，花丝长12.0mm，雌蕊高于雄蕊，子房有茸毛（图26.6）。果实球形，直径13.5mm，果皮厚0.88mm；种子球形，重0.91g，直径11.34mm，种皮棕褐色。结实力弱。

秋季一芽三叶干样茶多酚19.65%，氨基酸2.48%，咖啡碱2.22%，水浸出物45.92%。

图 26.1 春梢

图 26.2 植株（春）

图 26.3　秋梢

图 26.4　植株（秋）

图 26.5　叶片（秋）

图 26.6　花

类型8-027

灌木型，树姿半开张，中叶类。

春季新梢芽叶色泽浅绿，一芽三叶长40.00mm，一芽三叶百芽重49.0g。芽叶茸毛中，光泽性强，新梢密度密（图27.1，图27.2）。

秋季定型叶叶长105mm，叶宽40mm，叶面积29.40cm²。叶形长椭圆形，叶片厚0.28mm，叶色深绿，叶面平，叶片呈稍上斜状着生，光泽性强，叶身平，叶缘波状，叶齿锐度锐、密度稀、深度中，叶尖渐尖（图27.3～图27.5）。

花柱上部分裂，柱头分3裂，花柱长15.0mm，花丝长12.0mm，雌蕊高于雄蕊，子房有茸毛（图27.6）。果实肾形，直径18.2mm，果皮厚0.63mm；种子球形，重1.12g，直径12.88mm，种皮棕色。结实力弱。

秋季一芽三叶干样茶多酚17.15%，氨基酸2.56%，咖啡碱2.13%，水浸出物42.38%。

图 27.1 春梢

图 27.2 植株（春）

图 27.3 秋梢

图 27.4 植株（秋）

图 27.5 叶片（秋）

图 27.6 花

类型8-028

灌木型，树姿半开张，中叶类。

春季新梢芽叶色泽黄绿，一芽三叶长78.00mm，一芽三叶百芽重62.0g。芽叶茸毛中，光泽性中，新梢密度密（图28.1，图28.2）。

秋季定型叶叶长102mm，叶宽36mm，叶面积25.70cm^2。叶形长椭圆形，叶片厚0.25mm，叶色深绿，叶面平，叶片呈稍上斜状着生，光泽性中，叶身平，叶缘微波状，叶齿锐度中、密度中、深度中，叶尖渐尖（图28.3～图28.5）。

花柱上部分裂，柱头分3裂，花柱长14.0mm，花丝长12.0mm，雌蕊高于雄蕊，子房有茸毛（图28.6）。果实三角形，直径28.5mm，果皮厚0.54mm，种子球形，重1.60g，直径13.90mm，种皮棕褐色。结实力强。

图 28.1　春梢

图 28.2　植株（春）

图 28.3　秋梢

图 28.4　植株（秋）

图 28.5　叶片（秋）

图 28.6　花

类型8-029

灌木型，树姿半开张，中叶类。

春季新梢芽叶色泽浅绿，一芽三叶长96.40mm，一芽三叶百芽重76.0g。芽叶茸毛少，光泽性中，新梢密度密(图29.1，图29.2)。

秋季定型叶叶长95mm，叶宽32mm，叶面积21.28cm²。叶形长椭圆形，叶片厚0.40mm，叶色深绿，叶面平，叶片呈稍上斜状着生，光泽性强，叶身背卷，叶缘波状，叶齿锐度中、密度中、深度浅，叶尖渐尖(图29.3~图29.5)。

花柱上部分裂，柱头分3裂，花柱长15.0mm，花丝长10.0mm，雌蕊高于雄蕊，子房有茸毛(图29.6)。果实球形，直径17.0mm，果皮厚0.55mm；种子球形，重1.65g，直径14.20mm，种皮棕褐色。结实力弱。

秋季一芽三叶干样茶多酚16.13%，氨基酸3.16%，咖啡碱0.91%，水浸出物38.56%。

图29.1 春梢

图29.2 植株（春）

图 29.3　秋梢

图 29.4　植株（秋）

图 29.5　叶片（秋）

图 29.6　花

类型8-030

灌木型，树姿半开张，中叶类。

春季新梢芽叶色泽浅绿，一芽三叶长103.00mm，一芽三叶百芽重80.4g。芽叶茸毛少，光泽性中，新梢密度稀(图30.1，图30.2)。

秋季定型叶叶长110mm，叶宽40mm，叶面积30.80cm^2。叶形长椭圆形，叶片厚0.34mm，叶色深绿，叶面平，叶片呈水平状着生，光泽性强，叶身稍内折，叶缘平直状，叶齿锐度锐、密度中、深度浅，叶尖渐尖(图30.3～图30.5)。

花柱上部分裂，柱头分3裂，花柱长10.5mm，花丝长12mm，雌蕊低于雄蕊，子房有茸毛(图30.6)。果实三角形，直径23.2mm，果皮厚0.81mm；种子球形，重1.10g，直径13.00mm，种皮棕褐色。结实力弱。

秋季一芽三叶干样茶多酚14.08%，氨基酸3.12%，咖啡碱1.97%，水浸出物44.20%。

图 30.1 春梢

图 30.2 植株（春）

图 30.3 秋梢

图 30.4 植株（秋）

图 30.5 叶片（秋）

图 30.6 花

类型8-031

灌木型，树姿半开张，中叶类。

春季新梢芽叶色泽黄绿，一芽三叶长117.00mm，一芽三叶百芽重97.0g。芽叶茸毛少，光泽性强，新梢密度密(图31.1，图31.2)。

秋季定型叶叶长105mm，叶宽41mm，叶面积30.14cm^2。叶形长椭圆形，叶片厚0.29mm，叶色深绿，叶面平，叶片呈水平状着生，光泽性中，叶身平，叶缘平直状，叶齿锐度锐、密度中、深度浅，叶尖渐尖(图31.3~图31.5)。

花柱上部分裂，柱头分3裂，花柱长13.0mm，花丝长11.0mm，雌蕊高于雄蕊，子房有茸毛(图31.6)。果实球形，直径23.5mm，果皮厚0.63mm；种子球形，重1.17g，直径13.50mm，种皮褐色。结实力中。

秋季一芽三叶干样茶多酚15.85%，氨基酸2.08%，咖啡碱2.25%，水浸出物39.61%。

图31.1　春梢　　　　　　　　　　　　　　图31.2　植株（春）

图31.3　秋梢

图31.4　植株（秋）

图31.5　叶片（秋）

图31.6　花

类型9　中叶、长椭圆形、叶色绿

类型9-032

灌木型,树姿半开张,中叶类。

春季新梢芽叶色泽黄绿,一芽三叶长102.40mm,一芽三叶百芽重88.2g。芽叶茸毛中,光泽性中,新梢密度稀(图32.1,图32.2)。

秋季定型叶叶长95mm,叶宽31mm,叶面积20.62cm²。叶形长椭圆形,叶片厚0.29mm,叶色绿,叶面隆起,叶片呈上斜状着生,光泽性中,叶身稍内折,叶缘微波状,叶齿锐度锐、密度中、深度浅,叶尖钝尖(图32.3~图32.5)。

花柱上部分裂,柱头分3裂,花柱长14.0mm,花丝长12.0mm,雌蕊高于雄蕊,子房有茸毛(图32.6)。结实力弱。

秋季一芽三叶干样茶多酚16.17%,氨基酸1.67%,咖啡碱1.18%,水浸出物41.04%。

图 32.1　春梢

图 32.2　植株（春）

图 32.3　秋梢　　　　　　　　　　　　　　图 32.4　植株（秋）

图 32.5　叶片（秋）

图 32.6　花

类型9-033

灌木型，树姿半开张，中叶类。

春季新梢芽叶色泽黄绿，一芽三叶长47.00mm，一芽三叶百芽重40.0g。芽叶茸毛多，光泽性强，新梢密度密（图33.1，图33.2）。

秋季定型叶叶长101mm，叶宽33mm，叶面积23.33cm^2。叶形长椭圆形，叶片厚0.12mm，叶色绿，叶面微隆起，叶片呈稍上斜状着生，光泽性中，叶身平，叶缘微波状，叶齿锐度锐、密度稀、深度浅，叶尖渐尖。

花柱上部分裂，柱头分3裂，花柱长12.0mm，花丝长8.0mm，雌蕊高于雄蕊，子房有茸毛。果实三角形，直径23.0mm，果皮厚1.06mm；种子球形，重0.80g，直径13.00mm，种皮棕褐色。结实力强。

图33.1　春梢

图33.2　植株（春）

类型9-034

灌木型，树姿半开张，中叶类。

春季新梢芽叶色泽紫绿，一芽三叶长49.50mm，一芽三叶百芽重51.9g。芽叶茸毛少，光泽性强，新梢密度密（图34.1，图34.2）。

秋季定型叶叶长104mm，叶宽39mm，叶面积28.39cm²。叶形长椭圆形，叶片厚0.16mm，叶色绿，叶面微隆起，叶片呈稍上斜状着生，光泽性中，叶身平，叶缘平直状，叶齿锐度锐、密度稀、深度浅，叶尖渐尖（图34.3～图34.5）。

花柱上部分裂，柱头分3裂，花柱长12.0mm，花丝长11.0mm，雌蕊高于雄蕊，子房有茸毛（图34.6）。结实力弱。

秋季一芽三叶干样茶多酚12.95%，氨基酸2.52%，咖啡碱1.27%，水浸出物37.45%。

图 34.1　春梢

图 34.2　植株（春）

图 34.3　秋梢

图 34.4　植株（秋）

图 34.5　叶片（秋）

图 34.6　花

类型9-035

灌木型，树姿半开张，中叶类。

春季新梢芽叶色泽浅绿，一芽三叶长78.20mm，一芽三叶百芽重64.6g。芽叶茸毛中，光泽性中，新梢密度中（图35.1，图35.2）。

秋季定型叶叶长107mm，叶宽34mm，叶面积25.47cm^2。叶形长椭圆形，叶片厚0.27mm，叶色绿，叶面平，叶片呈上斜状着生，光泽性中，叶身稍内折，叶缘微波状，叶齿锐度中、密度稀、深度浅，叶尖渐尖（图35.3～图35.5）。

花柱上部分裂，柱头分3裂，花柱长12.0mm，花丝长10.0mm，雌蕊高于雄蕊，子房有茸毛。结实力弱。

秋季一芽三叶干样茶多酚11.36%，氨基酸2.91%，咖啡碱2.25%，水浸出物38.88%。

图35.1　春梢

图35.2　植株（春）

图 35.3 秋梢

图 35.4 植株（秋）

图 35.5 叶片（秋）

类型9-036

灌木型，树姿半开张，中叶类。

春季新梢芽叶色泽黄绿，一芽三叶长79.00mm，一芽三叶百芽重54.0g。芽叶茸毛少，光泽性中，新梢密度中(图36.1，图36.2)。

秋季定型叶叶长95mm，叶宽33mm，叶面积21.95cm^2。叶形长椭圆形，叶片厚0.19mm。叶色绿，叶面平，叶片呈上斜状着生，光泽性中，叶身平，叶缘平直状，叶齿锐度锐、密度中、深度浅，叶尖渐尖(图36.3~图36.5)。

花柱上部分裂，柱头分4裂，花柱长11.0mm，花丝长10.0mm，雌蕊高于雄蕊，子房有茸毛(图36.6)。

秋季一芽三叶干样茶多酚11.27%，氨基酸1.93%，咖啡碱1.20%，水浸出物41.01%。

图36.1 春梢

图36.2 植株（春）

图 36.3　秋梢

图 36.4　植株（秋）

图 36.5　叶片（秋）

图 36.6　花

类型9-037

灌木型，树姿半开张，中叶类。

春季新梢芽叶色泽黄绿，一芽三叶长74.00mm，一芽三叶重56.1g。芽叶茸毛少，光泽性强，新梢密度中(图37.1，图37.2)。

秋季定型叶叶长110mm，叶宽36mm，叶面积27.72cm^2。叶形长椭圆形，叶片厚0.35mm，叶色绿，叶面平，叶片呈稍上斜状着生，光泽性中，叶身稍内折，叶缘平直状，叶齿锐度中、密度中、深度中，叶尖钝尖(图37.3～图37.5)。

花柱上部分裂，柱头分3裂，花柱长13.0mm，花丝长13.0mm，雌蕊等于雄蕊，子房有茸毛(图37.6)。结实力弱。

秋季一芽三叶干样茶多酚15.11%，氨基酸2.18%，咖啡碱1.63%，水浸出物42.08%。

图 37.1　春梢

图 37.2　植株（春）

图 37.3 秋梢

图 37.4 植株（秋）

图 37.5 叶片（秋）

图 37.6 花

类型9-038

灌木型，树姿半开张，中叶类。

春季新梢芽叶色泽黄绿，一芽三叶长78.00mm，一芽三叶百芽重97.0g。芽叶茸毛多，光泽性中，新梢密度稀（图38.1，图38.2）。

秋季定型叶叶长96mm，叶宽34mm，叶面积22.85cm^2。叶形长椭圆形，叶片厚0.12mm，叶色绿，叶面平，叶片呈稍上斜状着生，光泽性中，叶身稍内折，叶缘波状，叶齿锐度锐、密度密、深度浅，叶尖渐尖（图38.3～图38.5）。

花柱中部分裂，柱头分3裂，花柱长12.0mm，花丝长11.0mm，雌蕊高于雄蕊，子房有茸毛（图38.6）。果实三角形，直径25.0mm，果皮厚0.39mm；种子球形，重0.90g，直径10.46mm，种皮棕褐色。结实力弱。

秋季一芽三叶干样茶多酚17.69%，氨基酸2.43%，咖啡碱2.82%，水浸出物46.18%。

图38.1　春梢

图38.2　植株（春）

图 38.3　秋梢

图 38.4　植株（秋）

图 38.5　叶片（秋）

图 38.6　花

类型9-039

灌木型，树姿半开张，中叶类。

春季新梢芽叶色泽黄绿，一芽三叶长113.00mm，一芽三叶百芽重123.0g。芽叶茸毛少，光泽性强，新梢密度密(图39.1，图39.2)。

秋季定型叶叶长132mm，叶宽42mm，叶面积38.81cm^2。叶形长椭圆形，叶片厚0.25mm，叶色绿，叶面平，叶片呈水平状着生，光泽性中，叶身稍内折，叶缘微波状，叶齿锐度中、密度稀、深度浅，叶尖渐尖(图39.3~图39.5)。

花柱上部分裂，柱头分3裂，花柱长16.0mm，花丝长12.0mm，雌蕊高于雄蕊，子房有茸毛(图39.6)。果实三角形，直径23.0mm，果皮厚0.47mm；种子球形，重0.92g，直径13.70mm，种皮棕褐色。结实力中。

秋季一芽三叶干样茶多酚11.15%，氨基酸1.95%，咖啡碱1.66%，水浸出物37.74%。

图 39.1 春梢

图 39.2 植株（春）

图 39.3 秋梢

图 39.4 植株（秋）

图 39.5 叶片（秋）

图 39.6 花

类型9-040

灌木型，树姿半开张，中叶类。

春季新梢芽叶色泽紫绿，一芽三叶长90.60mm，一芽三叶百芽重79.4g。芽叶茸毛少，光泽性中，新梢密度稀(图40.1，图40.2)。

秋季定型叶叶长113mm，叶宽42mm，叶面积33.22cm²。叶形长椭圆形，叶片厚0.23mm，叶色绿，叶面平，叶片呈水平状着生，光泽性中，叶身背卷，叶缘平直状，叶齿锐度锐、密度稀、深度浅，叶尖渐尖。

花柱上部分裂，柱头分3裂，花柱长15.0mm，花丝长10.0mm，雌蕊高于雄蕊，子房有茸毛。果实肾形，直径22.0mm，果皮厚0.57mm；种子球形，重0.33g，直径13.30mm，种皮棕色。结实力中。

秋季一芽三叶干样茶多酚14.27%，氨基酸2.33%，咖啡碱0.98%，水浸出物41.17%。

图40.1 春梢

图40.2 植株（春）

类型9-041

灌木型，树姿半开张，中叶类。

春季新梢芽叶色泽黄绿，一芽三叶长73.00mm，芽叶茸毛中，光泽性强，新梢密度密（图41.1）。

秋季定型叶叶长113mm，叶宽42mm，叶面积33.22cm²。叶形长椭圆形，叶片厚0.36mm，叶色绿，叶面微隆起，叶片呈稍上斜状着生，光泽性中，叶身背卷，叶缘波状，叶齿锐度锐、密度密、深度浅，叶尖渐尖（图41.2～图41.4）。

花柱上部分裂，柱头分3裂，花柱长11.0mm，花丝长13.0mm，雌蕊低于雄蕊，子房有茸毛（图41.5）。果实三角形，直径25.2mm，果皮厚1.05mm；种子球形，重0.24g，直径13.20mm，种皮棕色。结实力弱。

秋季一芽三叶干样茶多酚15.55%，氨基酸3.10%，咖啡碱1.74%，水浸出物40.98%。

图41.1 植株（春）

图41.2 秋梢

图 41.3　植株（秋）

图 41.4　叶片（秋）

图 41.5　花

类型10　中叶、长椭圆形、叶色浅绿

类型10-042

灌木型，树姿半开张，中叶类。

春季新梢芽叶色泽黄绿，一芽三叶长86.00mm，一芽三叶百芽重71.0g。芽叶茸毛少，光泽性中，新梢密度稀（图42.1，图42.2）。

秋季定型叶叶长107mm，叶宽33mm，叶面积24.72cm²。叶形长椭圆形，叶片厚0.22mm，叶色浅绿，叶面平，叶片呈上斜状着生，光泽性中，叶身平，叶缘平直状，叶齿锐度锐、密度稀、深度浅，叶尖渐尖（图42.3～图42.5）。

花柱中部分裂，柱头分3裂，花柱长15.0mm，花丝长11.0mm，雌蕊高于雄蕊，子房有茸毛（图42.6）。

秋季一芽三叶干样茶多酚11.00%，氨基酸2.05%，咖啡碱3.97%，水浸出物41.21%。

图 42.1　春梢

图 42.2　植株（春）

图 42.3　秋梢

图 42.5　叶片（秋）

图 42.4　植株（秋）

图 42.6　花

类型10-043

灌木型，树姿半开张，中叶类。

春季新梢芽叶色泽黄绿，一芽三叶长80.00mm，一芽三叶百芽重54.0g。芽叶茸毛少，光泽性中，新梢密度稀(图43.1，图43.2)。

秋季定型叶叶长105mm，叶宽36mm，叶面积26.46cm²。叶形长椭圆形，叶片厚0.32mm，叶色浅绿，叶面平，叶片呈上斜状着生，光泽性中，叶身平，叶缘平直状，叶齿锐度锐、密度中、深度浅，叶尖渐尖(图43.3～图43.6)。

秋季一芽三叶干样茶多酚17.46%，氨基酸2.77%，咖啡碱1.17%，水浸出物43.90%。

图 43.1　春梢

图 43.2　植株（春）

图 43.3　秋梢

图 43.4　植株（秋）

图 43.5　叶片（秋）

图 43.6　花

类型10-044

灌木型，树姿半开张，中叶类。

春季新梢芽叶色泽黄绿，一芽三叶长105.40mm，一芽三叶百芽重96.4g。芽叶茸毛少，光泽性中，新梢密度密（图44.1，图44.2）。

秋季定型叶叶长118mm，叶宽42mm，叶面积34.69cm²。叶形长椭圆形，叶片厚0.30mm，叶色浅绿，叶面平，叶片呈稍上斜状着生，光泽性中，叶身平，叶缘平直状，叶齿锐度锐、密度中、深度浅，叶尖圆尖（图44.3～图44.5）。

花柱上部分裂，柱头分3裂，花柱长15.0mm，花丝长14.0mm，雌蕊高于雄蕊，子房有茸毛（图44.6）。果实球形，直径16.6mm，果皮厚0.63mm；种子球形，重0.47g，直径11.50mm，种皮棕褐色。结实力弱。

秋季一芽三叶干样茶多酚13.06%，氨基酸1.75%，咖啡碱1.32%，水浸出物37.80%。

图44.1 春梢

图44.2 植株（春）

图 44.3 秋梢

图 44.4 植株（秋）

图 44.5 叶片（秋）

图 44.6 花

类型10-045

灌木型，树姿半开张，中叶类。

秋季定型叶叶长98mm，叶宽37mm，叶面积25.38cm²。叶形长椭圆形，叶片厚0.26mm，叶色浅绿，叶面平，叶片呈水平状着生，光泽性强，叶身背卷，叶缘波状，叶齿锐度锐、密度稀、深度浅，叶尖渐尖(图45.1～图45.3)。

花柱中部分裂，柱头分3裂，花柱长15.0mm，花丝长13.0mm，雌蕊高于雄蕊，子房有茸毛(图45.4)。果实三角形，直径22.0mm，果皮厚0.84mm；种子球形，重1.60g，直径14.00mm，种皮棕色。结实力中。

秋季一芽三叶干样茶多酚17.89%，氨基酸2.14%，咖啡碱2.00%，水浸出物43.59%。

图45.1 秋梢

图 45.2　植株（秋）

图 45.3　叶片（秋）

图 45.4　花

类型11　中叶、椭圆形、叶色深绿

类型11-046

灌木型，树姿半开张，中叶类。

春季新梢芽叶色泽浅绿，一芽三叶长64.00mm，一芽三叶百芽重70.0g。芽叶茸毛多，光泽性强，新梢密度密(图46.1，图46.2)。

秋季定型叶叶长98mm，叶宽48mm，叶面积32.93cm^2。叶形椭圆形，叶片厚0.38mm。叶色深绿，叶面隆起，叶片呈上斜状着生，光泽性强，叶身平，叶缘微波状，叶齿锐度锐、密度稀、深度浅，叶尖渐尖(图46.3～图46.5)。

花柱上部分裂，柱头分3裂，花柱长13.0mm，花丝长11.0mm，雌蕊高于雄蕊，子房有茸毛(图46.6)。果实肾形，直径25.2mm，果皮厚0.41mm；种子球形，重1.78g，直径15.00mm，种皮棕褐色。结实力弱。

图46.1　春梢

图46.2　植株（春）

图 46.3　秋梢

图 46.4　植株（秋）

图 46.5　叶片（秋）

图 46.6　花

类型11-047

灌木型，树姿半开张，中叶类。

春季新梢芽叶色泽浅绿，一芽三叶长52.00mm，一芽三叶百芽重49.0g。芽叶茸毛中，光泽性强，新梢密度密（图47.1，图47.2）。

秋季定型叶叶长96mm，叶宽43mm，叶面积28.90cm²。叶形椭圆形，叶片厚0.35mm，叶色深绿，叶面隆起，叶片呈稍上斜状着生，光泽性强，叶身平，叶缘平直状，叶齿锐度中、密度中、深度浅，叶尖渐尖（图47.3~图47.5）。

花柱上部分裂，柱头分3裂，花柱长16.0mm，花丝长14.0mm，雌蕊高于雄蕊，子房有茸毛（图47.6）。

秋季一芽三叶干样茶多酚14.13%，氨基酸2.93%，咖啡碱1.90%，水浸出物41.89%。

图47.1 春梢

图47.2 植株（春）

图 47.3 秋梢

图 47.4 植株（秋）

图 47.5 叶片（秋）

图 47.6 花

类型11-048

灌木型,树姿半开张,中叶类。

春季新梢芽叶色泽黄绿,一芽三叶长105.40mm,一芽三叶百芽重96.4g。芽叶茸毛少,光泽性中,新梢密度稀(图48.1,图48.2)。

秋季定型叶叶长89mm,叶宽35mm,叶面积21.81cm^2。叶形椭圆形,叶片厚0.30mm,叶色深绿,叶面隆起,叶片呈稍上斜状着生,光泽性强,叶身背卷,叶缘微波状,叶齿锐度锐、密度密、深度中,叶尖渐尖(图48.3~图48.6)。

秋季一芽三叶干样茶多酚16.67%,氨基酸4.32%,咖啡碱5.28%,水浸出物47.90%。

图 48.1　春梢

图 48.2　植株(春)

图 48.3　秋梢

图 48.4　植株（秋）

图 48.5　叶片（秋）

图 48.6　花

类型11-049

灌木型，树姿半开张，中叶类。

春季新梢芽叶色泽浅绿，一芽三叶长52.50mm，一芽三叶百芽重129.0g。芽叶茸毛中，光泽性强，新梢密度密(图49.1，图49.2)。

秋季定型叶叶长112mm，叶宽45mm，叶面积35.28cm²。叶形椭圆形，叶片厚0.26mm。叶色深绿，叶面隆起，叶片呈水平状着生，光泽性强，叶身平，叶缘波状，叶齿锐度中、密度中、深度浅，叶尖渐尖(图49.3～图49.5)。

花柱上部分裂，柱头分3裂，花柱长15.0mm，花丝长13.0mm，雌蕊高于雄蕊，子房有茸毛(图49.6)。果实三角形，直径20.0mm，果皮厚0.42mm；种子球形，重0.28g，直径12.90mm，种皮棕褐色。结实力中。

秋季一芽三叶干样茶多酚17.62%，氨基酸2.67%，咖啡碱1.37%，水浸出物44.94%。

图49.1　春梢

图49.2　植株（春）

图 49.3　秋梢

图 49.4　植株（秋）

图 49.5　叶片（秋）

图 49.6　花

类型11-050

灌木型，树姿半开张，中叶类。

春季新梢芽叶色泽黄绿，一芽三叶长97.40mm，一芽三叶百芽重80.2g。芽叶茸毛中，光泽性强，新梢密度中（图50.1，图50.2）。

秋季定型叶叶长81mm，叶宽37mm，叶面积20.98cm²。叶形椭圆形，叶片厚0.43mm，叶色深绿，叶面微隆起，叶片呈上斜状着生，光泽性强，叶身稍内折，叶缘平直状，叶齿锐度锐、密度中、深度浅，叶尖渐尖（图50.3～图50.5）。

花柱上部分裂，柱头分3裂，花柱长10.0mm，花丝长11.0mm，雌蕊低于雄蕊，子房有茸毛。果实肾形，直径20.0mm，果皮厚0.88mm；种子半球形，重0.48g，直径7.50mm，种皮棕褐色。结实力弱。

秋季一芽三叶干样茶多酚17.34%，氨基酸2.42%，咖啡碱 1.20%，水浸出物45.24%。

图 50.1 春梢

图 50.2 植株（春）

图 50.3　秋梢

图 50.4　植株（秋）

图 50.5　叶片（秋）

类型11-051

灌木型，树姿半开张，中叶类。

春季新梢芽叶色泽浅绿，一芽三叶长50.00mm，一芽三叶百芽重63.0g。芽叶茸毛中，光泽性中，新梢密度密(图51.1，图51.2)。

秋季定型叶叶长89mm，叶宽40mm，叶面积24.92cm²。叶形椭圆形，叶片厚0.33mm，叶色深绿，叶面微隆起，叶片呈稍上斜状着生，光泽性强，叶身平，叶缘微波状，叶齿锐度锐、密度中、深度浅，叶尖渐尖(图51.3～图51.5)。

花柱上部分裂，柱头分3裂，花柱长15.0mm，花丝长13.0mm，雌蕊高于雄蕊，子房有茸毛(图51.6)。

秋季一芽三叶干样茶多酚18.51%，氨基酸2.71%，咖啡碱1.33%，水浸出物44.29%。

图 51.1 春梢

图 51.2 植株（春）

图 51.3　秋梢

图 51.4　植株（秋）

图 51.5　叶片（秋）

图 51.6　花

类型11-052

灌木型，树姿半开张，中叶类。

春季新梢芽叶色泽黄绿，一芽三叶长94.60mm，一芽三叶百芽重98.4g。芽叶茸毛中，光泽性强，新梢密度中（图52.1，图52.2）。

秋季定型叶叶长119mm，叶宽48mm，叶面积39.98cm²。叶形椭圆形，叶片厚0.28mm，叶色深绿，叶面微隆起，叶片呈稍上斜状着生，光泽性强，叶身平，叶缘波状，叶齿锐度锐、密度中、深度中，叶尖钝尖（图52.3～图52.5）。

花柱上部分裂，柱头分3裂，花柱长13.0mm，花丝长12.0mm，雌蕊高于雄蕊，子房有茸毛（图52.6）。果实肾形，直径26.0mm，果皮厚0.32mm；种子球形，重0.81g，直径13.70mm，种皮棕色。结实力中。

图 52.1 春梢

图 52.2 植株（春）

图 52.3　秋梢

图 52.4　植株（秋）

图 52.5　叶片（秋）

图 52.6　花

类型11-053

灌木型，树姿半开张，中叶类。

春季新梢芽叶色泽黄绿，一芽三叶长75.60mm，一芽三叶百芽重73.7g。芽叶茸毛中，光泽性中，新梢密度中（图53.1，图53.2）。

秋季定型叶叶长110mm，叶宽45mm，叶面积34.65cm^2。叶形椭圆形，叶片厚0.26mm，叶色深绿，叶面微隆起，叶片呈稍上斜状着生，光泽性强，叶身背卷，叶缘波状，叶齿锐度锐、密度中、深度浅，叶尖渐尖（图53.3～图53.5）。

花柱上部分裂，柱头分3裂，花柱长10.0mm，花丝长15.0mm，雌蕊低于雄蕊，子房有茸毛（图53.6）。果实球形，直径16.8mm，果皮厚1.12mm；种子球形，重1.52g，直径14.00mm，种皮褐色。结实力弱。

秋季一芽三叶干样茶多酚15.54%，氨基酸4.33%，咖啡碱1.31%，水浸出物43.01%。

图 53.1　春梢

图 53.2　植株（春）

图 53.3 秋梢

图 53.4 植株（秋）

图 53.5 叶片（秋）

图 53.6 花

类型11-054

灌木型，树姿半开张，中叶类。

春季新梢芽叶色泽黄绿，一芽三叶长89.80mm，一芽三叶百芽重86.2g。芽叶茸毛少，光泽性中，新梢密度中(图54.1，图54.2)。

秋季定型叶叶长105mm，叶宽46mm，叶面积33.81cm^2。叶形椭圆形，叶片厚0.20mm，叶色深绿，叶面微隆起，叶片呈水平状着生，光泽性强，叶身平，叶缘微波状，叶齿锐度中、密度中、深度浅，叶尖圆尖(图54.3～图54.5)。

花柱上部分裂，柱头分3裂，花柱长14.5mm，花丝长12.0mm，雌蕊高于雄蕊，子房有茸毛(图54.6)。果实三角形，直径24.0mm，果皮厚0.83mm；种子球形，重0.97g，直径13.00mm，种皮棕褐色。结实力中。

秋季一芽三叶干样茶多酚13.79%，氨基酸3.24%，咖啡碱1.11%，水浸出物39.01%。

图54.1 春梢

图54.2 植株（春）

图 54.3　秋梢

图 54.4　植株（秋）

图 54.5　叶片（秋）

图 54.6　花

类型11-055

灌木型，树姿半开张，中叶类。

春季新梢芽叶色泽黄绿，一芽三叶长120.00mm，一芽三叶百芽重149.6g。芽叶茸毛少，光泽性中，新梢密度中（图55.1，图55.2）。

秋季定型叶叶长106mm，叶宽45mm，叶面积33.39cm^2。叶形椭圆形，叶片厚0.11mm，叶色深绿，叶面微隆起，叶片呈水平状着生，光泽性强，叶身背卷，叶缘波状，叶齿锐度锐、密度中、深度中，叶尖渐尖（图55.3～图55.5）。

花柱上部分裂，柱头分3裂，花柱长15.0mm，花丝长14.0mm，雌蕊高于雄蕊，子房有茸毛（图55.6）。果实三角形，直径29.5mm，果皮厚1.32mm；种子球形，重1.15g，直径12.40mm，种皮棕褐色。结实力中。

秋季一芽三叶干样茶多酚15.18%，氨基酸2.96%，咖啡碱0.83%，水浸出物44.50%。

图 55.1　春梢

图 55.2　植株（春）

图 55.3　秋梢

图 55.4　植株（秋）

图 55.5　叶片（秋）

图 55.6　花

类型11-056

灌木型，树姿半开张，中叶类。

春季新梢芽叶色泽黄绿，一芽三叶长86.20mm，一芽三叶百芽重77.0g。芽叶茸毛少，光泽性中，新梢密度中(图56.1，图56.2)。

秋季定型叶叶长111mm，叶宽50mm，叶面积38.85cm²。叶形椭圆形，叶片厚0.27mm，叶色深绿，叶面平，叶片呈上斜状着生，光泽性中，叶身平，叶缘平直状，叶齿锐度锐、密度稀、深度浅，叶尖钝尖(图56.3～图56.5)。

秋季一芽三叶干样茶多酚9.26%，氨基酸4.28%，咖啡碱3.23%，水浸出物38.00%。

图56.1 春梢

图56.2 植株（春）

图 56.3　秋梢　　　　　　　　　　　图 56.4　植株（秋）

图 56.5　叶片（秋）

类型12 中叶、椭圆形、叶色绿

类型12-057

灌木型，树姿半开张，中叶类。

春季新梢芽叶色泽浅绿，一芽三叶长59.00mm，一芽三叶百芽重55.0g。芽叶茸毛多，光泽性强，新梢密度密(图57.1，图57.2)。

秋季定型叶叶长85mm，叶宽42mm，叶面积24.99cm²。叶形椭圆形，叶片厚0.25mm，叶色绿，叶面隆起，叶片呈上斜状着生，光泽性中，叶身稍内折，叶缘微波状，叶齿锐度锐、密度中、深度浅，叶尖渐尖(图57.3~图57.5)。

花柱上部分裂，柱头分3裂，花柱长14.0mm，花丝长11.0mm，雌蕊高于雄蕊，子房有茸毛(图57.6)。

秋季一芽三叶干样茶多酚10.79%，氨基酸2.80%，咖啡碱2.06%，水浸出物37.54%。

图 57.1 春梢

图 57.2 植株（春）

图 57.3　秋梢

图 57.4　植株（秋）

图 57.5　叶片（秋）

图 57.6　花

类型12-058

灌木型，树姿半开张，中叶类。

春季新梢芽叶色泽浅绿，一芽三叶长56.00mm，一芽三叶百芽重77.0g。芽叶茸毛多，光泽性强，新梢密度密（图58.1，图58.2）。

秋季定型叶叶长83mm，叶宽36mm，叶面积20.92cm^2。叶形椭圆形，叶片厚0.26mm，叶色绿，叶面隆起，叶片呈上斜状着生，光泽性中，叶身平，叶缘微波状，叶齿锐度锐、密度密、深度浅，叶尖钝尖（图58.3～图58.6）。

秋季一芽三叶干样茶多酚16.54%，氨基酸2.43%，咖啡碱1.67%，水浸出物41.05%。

图 58.1 春梢   图 58.2 植株（春）

图 58.3　秋梢　　　　　　　　　　　　　　　　　图 58.4　植株（秋）

图 58.5　叶片（秋）　　　　　　　　　　　　　　　图 58.6　花

类型12-059

灌木型，树姿半开张，中叶类。

春季新梢芽叶色泽黄绿，一芽三叶长70.00mm，一芽三叶百芽重75.0g。芽叶茸毛中，光泽性强，新梢密度密（图59.1，图59.2）。

秋季定型叶叶长86mm，叶宽43mm，叶面积25.89cm²。叶形椭圆形，叶片厚0.20mm，叶色绿，叶面隆起，叶片呈水平状着生，光泽性中，叶身背卷，叶缘平直状，叶齿锐度锐、密度稀、深度浅，叶尖渐尖（图59.3～图59.5）。

花柱上部分裂，柱头分3裂，花柱长14.0mm，花丝长14.0mm，雌蕊等于雄蕊，子房有茸毛（图59.6）。果实三角形，直径30.0mm，果皮厚1.30mm；种子球形，重1.59g，直径13.00mm，种皮棕褐色。结实力弱。

秋季一芽三叶干样茶多酚18.67%，氨基酸2.72%，咖啡碱1.35%，水浸出物48.28%。

图 59.1　春梢

图 59.2　植株（春）

图 59.3　秋梢

图 59.4　植株（秋）

图 59.5　叶片（秋）

图 59.6　花

类型12-060

灌木型，树姿半开张，中叶类。

春季新梢芽叶色泽黄绿，一芽三叶长107.00mm，一芽三叶百芽重104.0g。芽叶茸毛中，光泽性中，新梢密度密（图60.1，图60.2）。

秋季定型叶叶长90mm，叶宽39mm，叶面积24.57cm²。叶形椭圆形，叶片厚0.31mm，叶色绿，叶面微隆起，叶片呈上斜状着生，光泽性中，叶身稍内折，叶缘波状，叶齿锐度锐、密度中、深度浅，叶尖渐尖（图60.3～图60.5）。

花柱上部分裂，柱头分3裂，花柱长13.0mm，花丝长12.0mm，雌蕊高于雄蕊，子房有茸毛（图60.6）。

秋季一芽三叶干样茶多酚16.24%，氨基酸3.37%，咖啡碱2.58%，水浸出物40.26%。

图 60.1　春梢

图 60.2　植株（春）

图 60.3 秋梢

图 60.4 植株（秋）

图 60.5 叶片（秋）

图 60.6 花

类型12-061

灌木型，树姿半开张，中叶类。

春季新梢芽叶色泽黄绿，一芽三叶长82.80mm，一芽三叶百芽重76.4g。芽叶茸毛多，光泽性中，新梢密度密(图61.1，图61.2)。

秋季定型叶叶长98mm，叶宽42mm，叶面积28.81cm^2。叶形椭圆形，叶片厚0.38mm，叶色绿，叶面微隆起，叶片呈上斜状着生，光泽性中，叶身稍内折，叶缘平直状，叶齿锐度中、密度中、深度浅，叶尖渐尖(图61.3～图61.5)。

花柱上部分裂，柱头分3裂，花柱长10.0mm，花丝长11.0mm，雌蕊低于雄蕊，子房有茸毛(图61.6)。果实三角形，直径23.2mm，果皮厚0.94mm；种子球形，重1.20g，直径13.20mm，种皮棕色。结实力弱。

图 61.1 春梢

图 61.2 植株（春）

图 61.3　秋梢

图 61.4　植株（秋）

图 61.5　叶片（秋）

图 61.6　花

类型12-062

灌木型，树姿半开张，中叶类。

春季新梢芽叶色泽紫绿，一芽三叶长125.40mm，一芽三叶百芽重116.0g。芽叶茸毛少，光泽性中，新梢密度稀（图62.1，图62.2）。

秋季定型叶叶长89mm，叶宽40mm，叶面积24.92cm^2。叶形椭圆形，叶片厚0.32mm，叶色绿，叶面微隆起，叶片呈上斜状着生，光泽性中，叶身稍内折，叶缘波状，叶齿锐度锐、密度密、深度浅，叶尖渐尖（图62.3～图62.5）。

花柱上部分裂，柱头分3裂，花柱长15.0mm，花丝长13.0mm，雌蕊高于雄蕊，子房有茸毛（图62.6）。果实肾形，直径19.9mm，果皮厚0.74mm；种子球形，重1.48g，直径15.20mm，种皮棕色。结实力弱。

图 62.1 春梢

图 62.2 植株（春）

图 62.3　秋梢

图 62.4　植株（秋）

图 62.5　叶片（秋）

图 62.6　花

类型12-063

灌木型，树姿半开张，中叶类。

春季新梢芽叶色泽浅绿，一芽三叶长99.00mm，一芽三叶百芽重96.2g。芽叶茸毛少，光泽性中，春季新梢密度中（图63.1，图63.2）。

秋季定型叶叶长97mm，叶宽43mm，叶面积29.20cm²。叶形椭圆形，叶片厚0.34mm，叶色绿，叶面微隆起，叶片呈上斜状着生，光泽性中，叶身稍内折，叶缘平直状，叶齿锐度锐、密度中、深度浅，叶尖渐尖（图63.3～图63.5）。

花柱上部分裂，柱头分3裂，花柱长12.0mm，花丝长10.0mm，雌蕊高于雄蕊，子房有茸毛（图63.6）。果实肾形，直径21.0mm，果皮厚0.55mm；种子球形，重1.88g，直径14.20mm，种皮棕色。结实力弱。

图63.1　春梢

图63.2　植株（春）

图 63.3　秋梢

图 63.4　植株（秋）

图 63.5　叶片（秋）

图 63.6　花

类型12-064

灌木型，树姿半开张，中叶类。

春季新梢芽叶色泽黄绿，一芽三叶长90.20mm，一芽三叶百芽重72.4g。芽叶茸毛少，光泽性中，新梢密度密(图64.1，图64.2)。

秋季定型叶叶长90mm，叶宽43mm，叶面积27.09cm²。叶形椭圆形，叶片厚0.30mm，叶色绿，叶面微隆起，叶片呈上斜状着生，光泽性强，叶身平，叶缘微波状，叶齿锐度锐、密度中、深度浅，叶尖钝尖(图64.3～图64.5)。

秋季一芽三叶干样茶多酚21.45%，氨基酸2.55%，咖啡碱1.27%，水浸出物49.67%。

图 64.1　春梢

图 64.2　植株（春）

图 64.3　秋梢　　　　　　　　　　　图 64.4　植株（秋）

图 64.5　叶片（秋）

类型12-065

灌木型,树姿半开张,中叶类。

春季新梢芽叶色泽紫绿,一芽三叶长74.00mm,一芽三叶百芽重60.1g。芽叶茸毛少,光泽性中,春季新梢密度密(图65.1,图65.2)。

秋季定型叶叶长88mm,叶宽40mm,叶面积24.64cm^2。叶形椭圆形,叶片厚0.20mm,叶色绿,叶面微隆起,叶片呈上斜状着生,光泽性中,叶身稍内折,叶缘微波状,叶齿锐度中、密度密、深度浅,叶尖渐尖(图65.3~图65.5)。

花柱上部分裂,柱头分3裂,花柱长14.0mm,花丝长15.0mm,雌蕊低于雄蕊,子房有茸毛(图65.6)。结实力弱。

图 65.1 春梢

图 65.2 植株(春)

图 65.3　秋梢

图 65.4　植株（秋）

图 65.5　叶片（秋）

图 65.6　花

类型12-066

灌木型，树姿半开张，中叶类。

春季新梢芽叶色泽浅绿，一芽三叶长78.20mm，一芽三叶百芽重71.7g。芽叶茸毛少，光泽性中，春季新梢密度密（图66.1，图66.2）。

秋季定型叶叶长78mm，叶宽38mm，叶面积20.75cm²。叶形椭圆形，叶片厚0.29mm，叶色绿，叶面微隆起，叶片呈稍上斜状着生，光泽性中，叶身稍内折，叶缘微波状，叶齿锐度锐、密度中、深度浅，叶尖钝尖（图66.3～图66.5）。

花柱下部分裂，柱头分3裂，花柱长10.0mm，花丝长15.0mm，雌蕊低于雄蕊，子房有茸毛（图66.6）。果实三角形，直径14.1mm，果皮厚0.65mm；种子球形，重0.23g，直径7.60mm，种皮棕褐色。结实力弱。

秋季一芽三叶干样茶多酚9.60%，氨基酸1.66%，咖啡碱1.35%，水浸出物40.85%。

图 66.1　春梢

图 66.2　植株（春）

图 66.3 秋梢

图 66.4 植株（秋）

图 66.5 叶片（秋）

图 66.6 花

类型12-067

灌木型，树姿半开张，中叶类。

春季新梢芽叶色泽紫绿，一芽三叶长81.00mm，一芽三叶百芽重64.6g。芽叶茸毛少，光泽性强，春季新梢密度中（图67.1，图67.2）。

秋季定型叶叶长88mm，叶宽36mm，叶面积22.18cm²。叶形椭圆形，叶片厚0.23mm，叶色绿，叶面微隆起，叶片呈稍上斜状着生，光泽性中，叶身平，叶缘平直状，叶齿锐度锐、密度中、深度浅，叶尖渐尖（图67.3～图67.5）。

花柱上部分裂，柱头分3裂，花柱长13.0mm，花丝长11.0mm，雌蕊高于雄蕊，子房有茸毛（图67.6）。果实三角形，果皮厚0.44mm；种子球形，重0.43g，直径13.20mm，种皮棕色。结实力中。

秋季一芽三叶干样茶多酚10.61%，氨基酸4.33%，咖啡碱0.97%，水浸出物40.20%。

图 67.1 春梢

图 67.2 植株（春）

图 67.3　秋梢

图 67.4　植株（秋）

图 67.5　叶片（秋）

图 67.6　花

类型12-068

灌木型，树姿半开张，中叶类。

春季新梢芽叶色泽浅绿，一芽三叶长103.00mm，一芽三叶百芽重85.6g。芽叶茸毛少，光泽性中，春季新梢密度稀（图68.1，图68.2）。

秋季定型叶叶长84mm，叶宽43mm，叶面积25.28cm²。叶形椭圆形，叶片厚0.25mm，叶色绿，叶面微隆起，叶片呈稍上斜状着生，光泽性中，叶身背卷，叶缘微波状，叶齿锐度锐、密度密、深度浅，叶尖渐尖（图68.3～图68.5）。

秋季一芽三叶干样茶多酚14.88%，氨基酸1.69%，咖啡碱1.19%，水浸出物43.52%。

图 68.1　春梢

图 68.2　植株（春）

图 68.3　秋梢　　　　　　　　　　　　图 68.4　植株（秋）

图 68.5　叶片（秋）

类型12-069

灌木型，树姿半开张，中叶类。

春季新梢芽叶色泽黄绿，一芽三叶长78.70mm，一芽三叶百芽重53.0g。芽叶茸毛多，光泽性强，新梢密度稀（图69.1，图69.2）。

秋季定型叶叶长108mm，叶宽48mm，叶面积36.29cm²。叶形椭圆形，叶片厚0.44mm，叶色绿，叶面微隆起，叶片呈稍上斜状着生，光泽性中，叶身稍内折，叶缘平直状，叶齿锐度中、密度稀、深度浅，叶尖渐尖（图69.3～图69.5）。

花柱下部分裂，柱头分3裂，花柱长13.0mm，花丝长14.0mm，雌蕊低于雄蕊，子房有茸毛（图69.6）。结实力弱。

秋季一芽三叶干样茶多酚13.08%，氨基酸1.92%，咖啡碱1.55%，水浸出物40.51%。

图 69.1 春梢

图 69.2 植株（春）

图 69.3　秋梢

图 69.4　植株（秋）

图 69.5　叶片（秋）

图 69.6　花

类型12-070

灌木型，树姿半开张，中叶类。

春季新梢芽叶色泽黄绿，一芽三叶长80.00mm，一芽三叶百芽重54.4g。芽叶茸毛中，光泽性强，新梢密度中(图70.1，图70.2)。

秋季定型叶叶长87mm，叶宽35mm，叶面积21.32cm²。叶形椭圆形，叶片厚0.35mm，叶色绿，叶面平，叶片呈上斜状着生，光泽性强，叶身稍内折，叶缘平直状，叶齿锐度锐、密度中、深度浅，叶尖渐尖(图70.3~图70.5)。

花柱上部分裂，柱头分3裂，花柱长11.0mm，花丝长10.0mm，雌蕊高于雄蕊，子房有茸毛(图70.6)。结实力弱。

秋季一芽三叶干样茶多酚17.18%，氨基酸2.78%，咖啡碱2.25%，水浸出物46.87%。

图 70.1　春梢

图 70.2　植株（春）

图 70.3　秋梢

图 70.4　植株（秋）

图 70.5　叶片（秋）

图 70.6　花

类型12-071

灌木型，树姿半开张，中叶类。

春季新梢芽叶色泽黄绿，一芽三叶长52.00mm，一芽三叶百芽重38.0g。芽叶茸毛多，光泽性强，新梢密度密(图71.1，图71.2)。

秋季定型叶叶长85mm，叶宽35mm，叶面积20.83cm²。叶形椭圆形，叶片厚0.26mm，叶色绿，叶面平，叶片呈上斜状着生，光泽性中，叶身稍内折，叶缘波状，叶齿锐度中、密度中、深度浅，叶尖渐尖(图71.3～图71.5)。

花柱上部分裂，柱头分3裂，花柱长14.0mm，花丝长12.0mm，雌蕊高于雄蕊，子房有茸毛(图71.6)。果实球形，直径22.0mm，果皮厚1.50mm；种子球形，重1.28g，直径13.80mm，种皮棕色。结实力弱。

图71.1 春梢

图71.2 植株（春）

图 71.3　秋梢

图 71.4　植株（秋）

图 71.5　叶片（秋）

图 71.6　花

类型12-072

灌木型，树姿半开张，中叶类。

春季新梢芽叶色泽黄绿，一芽三叶长73.00mm，一芽三叶百芽重59.0g。芽叶茸毛少，光泽性强，新梢密度稀(图72.1，图72.2)。

秋季定型叶叶长100mm，叶宽41mm，叶面积28.70cm²。叶形椭圆形，叶片厚0.26mm，叶色绿，叶面平，叶片呈上斜状着生，光泽性中，叶身稍内折，叶缘微波状，叶齿锐度锐、密度中、深度浅，叶尖渐尖(图72.3～图72.5)。

花柱上部分裂，柱头分3裂，花柱长15.0mm，花丝长11.0mm，雌蕊高于雄蕊，子房有茸毛(图72.6)。结实力弱。

图 72.1 春梢

图 72.2 植株（春）

图 72.3 秋梢

图 72.4 植株（秋）

图 72.5 叶片（秋）

图 72.6 花

类型12-073

灌木型，树姿半开张，中叶类。

春季新梢芽叶色泽黄绿，一芽三叶长94.20mm，一芽三叶百芽重113.3g。芽叶茸毛中，光泽性中，春季新梢密度密(图73.1，图73.2)。

秋季定型叶叶长96mm，叶宽41mm，叶面积27.55cm²。叶形椭圆形，叶片厚0.28mm，叶色绿，叶面平，叶片呈稍上斜状着生，光泽性中，叶身稍内折，叶缘平直状，叶齿锐度锐、密度密、深度浅，叶尖渐尖(图73.3～图73.5)。

花柱上部分裂，柱头分3裂，花柱长16.0mm，花丝长13.0mm，雌蕊高于雄蕊，子房有茸毛(图73.6)。结实力弱。

秋季一芽三叶干样茶多酚20.13%，氨基酸3.59%，咖啡碱2.39%，水浸出物45.10%。

图 73.1 春梢

图 73.2 植株（春）

图 73.3 秋梢

图 73.4 植株（秋）

图 73.5 叶片（秋）

图 73.6 花

类型12-074

灌木型，树姿半开张，中叶类。

春季新梢芽叶色泽黄绿，一芽三叶长64.00mm，一芽三叶百芽重49.0g。芽叶茸毛多，光泽性强，春季新梢密度稀(图74.1，图74.2)。

秋季定型叶叶长88mm，叶宽39mm，叶面积24.02cm²。叶形椭圆形，叶片厚0.40mm，叶色绿，叶面平，叶片呈稍上斜状着生，光泽性中，叶身稍内折，叶缘波状，叶齿锐度锐、密度中、深度中，叶尖渐尖(图74.3～图74.5)。

花柱上部分裂，柱头分3裂，花柱长13.0mm，花丝长15.0mm，雌蕊低于雄蕊，子房有茸毛(图74.6)。果实肾形，直径24.9mm，果皮厚0.60mm；种子球形，重1.45g，直径13.00mm，种皮棕色。结实力弱。

图74.1　春梢

图74.2　植株（春）

图 74.3 秋梢

图 74.4 植株（秋）

图 74.5 叶片（秋）

图 74.6 花

类型12-075

灌木型，树姿半开张，中叶类。

春季新梢芽叶色泽黄绿，一芽三叶长94.60mm，一芽三叶百芽重85.2g。芽叶茸毛中，光泽性中，春季新梢密度中（图75.1，图75.2）。

秋季定型叶叶长82mm，叶宽40mm，叶面积22.96cm²。叶形椭圆形，叶片厚0.35mm，叶色绿，叶面平，叶片呈稍上斜状着生，光泽性强，叶身稍内折，叶缘平直状，叶齿锐度中、密度密、深度浅，叶尖渐尖（图75.3～图75.5）。

图 75.1 春梢

图 75.2 植株（春）

图 75.3　秋梢

图 75.4　植株（秋）

图 75.5　叶片（秋）

类型12-076

灌木型，树姿半开张，中叶类。

春季新梢芽叶色泽黄绿，一芽三叶长101.00mm，一芽三叶百芽重83.9g。芽叶茸毛中，光泽性强，新梢密度中（图76.1，图76.2）。

秋季定型叶叶长96mm，叶宽38mm，叶面积25.54cm²。叶形椭圆形，叶片厚0.33mm，叶色绿，叶面平，叶片呈稍上斜状着生，光泽性中，叶身平，叶缘微波状，叶齿锐度中、密度密、深度浅，叶尖渐尖（图76.3～图76.5）。

花柱上部分裂，柱头分3裂，花柱长9.0mm，花丝长13.0mm，雌蕊低于雄蕊，子房有茸毛（图76.6）。果实球形，直径18.0mm，果皮厚0.65mm；种子球形，重0.80g，直径13.50mm，种皮棕褐色。结实力中。

秋季一芽三叶干样茶多酚16.63%，氨基酸2.47%，咖啡碱1.05%，水浸出物44.07%。

图76.1 春梢

图76.2 植株（春）

图 76.3 秋梢

图 76.4 植株（秋）

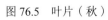

图 76.5 叶片（秋）

图 76.6 花

类型12-077

灌木型，树姿半开张，中叶类。

春季新梢芽叶色泽黄绿，一芽三叶长145.20mm，一芽三叶百芽重156.8g。芽叶茸毛少，光泽性强，新梢密度密(图77.1，图77.2)。

秋季定型叶叶长98mm，叶宽39mm，叶面积26.75cm²。叶形椭圆形，叶片厚0.24mm，叶色绿，叶面平，叶片呈稍上斜状着生，光泽性中，叶身平，叶缘波状，叶齿锐度中、密度中、深度浅，叶尖渐尖(图77.3～图77.5)。

花柱上部分裂，柱头分3裂，花柱长15.0mm，花丝长14.0mm，雌蕊高于雄蕊，子房有茸毛(图77.6)。果实三角形，直径25.0mm，果皮厚0.94mm；种子球形，重1.50g，直径14.70mm，种皮棕色。结实力弱。

秋季一芽三叶干样茶多酚13.40%，氨基酸4.01%，咖啡碱0.78%，水浸出物41.64%。

图 77.1　春梢

图 77.2　植株（春）

图 77.3　秋梢

图 77.4　植株（秋）

图 77.5　叶片（秋）

图 77.6　花

类型12-078

灌木型，树姿半开张，中叶类。

春季新梢芽叶色泽黄绿，一芽三叶长103.00mm，一芽三叶百芽重79.7g。芽叶茸毛少，光泽性强，新梢密度稀(图78.1，图78.2)。

秋季定型叶叶长102mm，叶宽50mm，叶面积35.70cm²。叶形椭圆形，叶片厚0.31mm，叶色绿，叶面平，叶片呈水平状着生，光泽性中，叶身稍内折，叶缘波状，叶齿锐度锐、密度中、深度中，叶尖渐尖(图78.3~图78.5)。

花柱上部分裂，柱头分3裂，花柱长16.0mm，花丝长14.0mm，雌蕊高于雄蕊，子房有茸毛(图78.6)。果实三角形，直径18.8mm，果皮厚0.84mm；种子球形，重0.97g，直径14.17mm，种皮棕色。结实力弱。

秋季一芽三叶干样茶多酚15.90%，氨基酸2.69%，咖啡碱2.60%，水浸出物47.37%。

图78.1 春梢

图78.2 植株（春）

图 78.3 秋梢

图 78.4 植株（秋）

图 78.5 叶片（秋）

图 78.6 花

类型12-079

灌木型，树姿半开张，中叶类。

春季新梢芽叶色泽浅绿，一芽三叶长121.00mm，一芽三叶百芽重134.4g。芽叶茸毛中，光泽性中，新梢密度稀（图79.1，图79.2）。

秋季定型叶叶长85mm，叶宽34mm，叶面积20.23cm²。叶形椭圆形，叶片厚0.21mm，叶色绿，叶面平，叶片呈水平状着生，光泽性中，叶身背卷，叶缘平直状，叶齿锐度锐、密度中、深度中，叶尖渐尖（图79.3～图79.5）。

花柱上部分裂，柱头分3裂，花柱长10.0mm，花丝长11.0mm，雌蕊低于雄蕊，子房有茸毛（图79.6）。果实三角形，果皮厚0.31mm；种子球形，重0.57g，直径10.77mm，种皮棕色。结实力中。

秋季一芽三叶干样茶多酚15.89%，氨基酸1.06%，咖啡碱1.18%，水浸出物44.00%。

图 79.1　春梢

图 79.2　植株（春）

图 79.3　秋梢

图 79.4　植株（秋）

图 79.5　叶片（秋）

图 79.6　花

类型13　中叶、椭圆形、叶色浅绿

类型13-080

灌木型，树姿半开张，中叶类。

春季新梢芽叶色泽黄绿，一芽三叶长71.60mm，一芽三叶百芽重50.2g。芽叶茸毛少，光泽性中，春季新梢密度中（图80.1，图80.2）。

秋季定型叶叶长93mm，叶宽42mm，叶面积27.34cm²。叶形椭圆形，叶片厚0.33mm，叶色浅绿，叶面隆起，叶片呈上斜状着生，光泽性中，叶身稍内折，叶缘微波状，叶齿锐度锐、密度密、深度浅，叶尖渐尖（图80.3～图80.5）。

花柱下部分裂，柱头分4裂，花柱长20.0mm，花丝长13.0mm，雌蕊高于雄蕊，子房有茸毛（图80.6）。果实三角形，直径23.6mm，果皮厚0.67mm；种子球形，重1.01g，直径11.80mm，种皮棕色。结实力强。

秋季一芽三叶干样茶多酚16.78%，氨基酸2.46%，咖啡碱2.01%，水浸出物46.46%。

图 80.1　春梢

图 80.2　植株（春）

图 80.3　秋梢　　　　　　　　　　　　　图 80.4　植株（秋）

图 80.5　叶片（秋）

图 80.6　花

类型13-081

灌木型，树姿半开张，中叶类。

秋季定型叶叶长97mm，叶宽44mm，叶面积29.88cm²。叶形椭圆形，叶片厚0.26mm，叶色浅绿，叶面微隆起，叶片呈上斜状着生，光泽性中，叶身稍内折，叶缘平直状，叶齿锐度锐、密度中、深度浅，叶尖钝尖(图81.1～图81.3)。

花柱上部分裂，柱头分3裂，花柱长15.0mm，花丝长9.0mm，雌蕊高于雄蕊，子房有茸毛(图81.4)。结实力弱。

秋季一芽三叶干样茶多酚19.99%，氨基酸3.54%，咖啡碱0.98%，水浸出物48.48%。

图 81.1　秋梢

图 81.2　植株（秋）

图 81.3　叶片（秋）

图 81.4　花

类型13-082

灌木型，树姿半开张，中叶类。

春季新梢芽叶色泽浅绿，一芽三叶长71.00mm，一芽三叶百芽重73.0g。芽叶茸毛多，光泽性强，新梢密度密（图82.1，图82.2）。

秋季定型叶叶长110mm，叶宽45mm，叶面积34.65cm²。叶形椭圆形，叶片厚0.22mm，叶色浅绿，叶面微隆起，叶片呈稍上斜状着生，光泽性暗，叶身稍内折，叶缘平直状，叶齿锐度锐、密度中、深度中，叶尖渐尖（图82.3～图82.5）。

花柱上部分裂，柱头分3裂，花柱长13.0mm，花丝长15.0mm，雌蕊低于雄蕊，子房有茸毛（图82.6）。果实三角形，直径9.7mm，果皮厚0.32mm；种子半球形，重0.05g，直径7.80mm，种皮棕色。结实力弱。

秋季一芽三叶干样茶多酚14.46%，氨基酸2.32%，咖啡碱2.48%，水浸出物45.58%。

图 82.1 春梢

图 82.2 植株（春）

图 82.3 秋梢

图 82.4 植株（秋）

图 82.5 叶片（秋）

图 82.6 花

类型13-083

灌木型，树姿半开张，中叶类。

春季新梢芽叶色泽黄绿，一芽三叶长98.00mm，一芽三叶百芽重94.0g。芽叶茸毛中，光泽性中，新梢密度稀(图83.1，图83.2)。

秋季定型叶叶长98mm，叶宽46mm，叶面积31.56cm²，叶形椭圆形，叶片厚0.31mm。叶色浅绿，叶面微隆起，叶片呈稍上斜状着生，光泽性中，叶身平，叶缘微波状，叶齿锐度锐、密度中、深度浅，叶尖渐尖(图83.3～图83.5)。

花柱上部分裂，柱头分3裂，花柱长15.0mm，花丝长12.0mm，雌蕊高于雄蕊，子房有茸毛(图83.6)。

秋季一芽三叶干样茶多酚15.57%，氨基酸3.08%，咖啡碱0.41%，水浸出物43.99%。

图83.1 春梢

图83.2 植株（春）

图 83.3　秋梢

图 83.4　植株（秋）

图 83.5　叶片（秋）

图 83.6　花

类型13-084

灌木型，树姿半开张，中叶类。

春季新梢芽叶色泽黄绿，一芽三叶长81.40mm，一芽三叶百芽重63.2g。芽叶茸毛少，光泽性强，新梢密度稀(图84.1，图84.2)。

秋季定型叶叶长106mm，叶宽52mm，叶面积38.58cm^2。叶形椭圆形，叶片厚0.19mm，叶色浅绿，叶面微隆起，叶片呈稍上斜状着生，光泽性中，叶身平，叶缘波状，叶齿锐度中、密度稀、深度浅，叶尖钝尖(图84.3～图84.5)。

图84.1　春梢　　　　　　　　　　　　　　　图84.2　植株（春）

图 84.3 秋梢

图 84.4 植株（秋）

图 84.5 叶片（秋）

类型13-085

灌木型，树姿半开张，中叶类。

春季新梢芽叶色泽黄绿，一芽三叶长92.80mm，一芽三叶百芽重94.6g。芽叶茸毛少，光泽性中，新梢密度密（图85.1，图85.2）。

秋季定型叶叶长87mm，叶宽35mm，叶面积21.32cm^2。叶形椭圆形，叶片厚0.23mm，叶色浅绿，叶面平，叶片呈稍上斜状着生，光泽性中，叶身稍内折，叶缘平直状，叶齿锐度锐、密度密、深度浅，叶尖渐尖（图85.3～图85.5）。

花柱上部分裂，柱头分3裂，花柱长16.0mm，花丝长13.0mm，雌蕊高于雄蕊，子房有茸毛（图85.6）。果实三角形，直径24.3mm，果皮厚1.01mm；种子球形，重0.35g，直径12.70mm，种皮棕色。结实力弱。

秋季一芽三叶干样茶多酚14.42%，氨基酸2.40%，咖啡碱0.93%，水浸出物39.52%。

图 85.1　春梢　　　　　　　　　　　　图 85.2　植株（春）

图 85.3　秋梢

图 85.4　植株（秋）

图 85.5　叶片（秋）

图 85.6　花

类型13-086

灌木型，树姿半开张，中叶类。

春季新梢芽叶色泽黄绿，一芽三叶长110.00mm，一芽三叶百芽重94.0g。芽叶茸毛少，光泽性中，新梢密度稀(图86.1，图86.2)。

秋季定型叶叶长87mm，叶宽36mm，叶面积21.92cm²。叶形椭圆形，叶片厚0.24mm，叶色浅绿，叶面平，叶片呈稍上斜状着生，光泽性暗，叶身稍内折，叶缘平直状，叶齿锐度中、密度中、深度中，叶尖钝尖(图86.3～图86.5)。

花柱下部分裂，柱头分3裂，花柱长15.0mm，花丝长13.0mm，雌蕊高于雄蕊，子房有茸毛(图86.6)。果实三角形，直径19.8mm，果皮厚0.49mm；种子球形，重0.70g，直径9.80mm，种皮褐色。结实力中。

图 86.1 春梢

图 86.2 植株（春）

图 86.3　秋梢

图 86.4　植株（秋）

图 86.5　叶片（秋）

图 86.6　花

类型14　中叶、椭圆形、叶色灰绿

类型14-087

灌木型，树姿半开张，中叶类。

春季新梢芽叶色泽紫绿，一芽三叶长69.00mm，一芽三叶百芽重68.0g。芽叶茸毛多，光泽性中，新梢密度密（图87.1，图87.2）。

秋季定型叶叶长91mm，叶宽40mm，叶面积25.48cm^2。叶形椭圆形，叶片厚0.32mm，叶色灰绿，叶面微隆起，叶片呈上斜状着生，光泽性中，叶身平，叶缘平直状，叶齿锐度锐、密度中、深度浅，叶尖渐尖（图87.3～图87.5）。

花柱上部分裂，柱头分3裂，花柱长14.0mm，花丝长14.0mm，雌蕊等于雄蕊，子房有茸毛（图87.6）。结实力弱。

秋季一芽三叶干样茶多酚13.87%，氨基酸3.89%，咖啡碱3.61%，水浸出物42.48%。

图87.1　春梢

图87.2　植株（春）

图 87.3　秋梢

图 87.4　植株（秋）

图 87.5　叶片（秋）

图 87.6　花

类型15 中叶、近圆形、叶色深绿

类型15-088

灌木型，树姿半开张，中叶类。

春季新梢芽叶色泽黄绿，一芽三叶长78.00mm，一芽三叶百芽重81.0g。芽叶茸毛中，光泽性中，新梢密度密(图88.1，图88.2)。

秋季定型叶叶长80mm，叶宽44mm，叶面积24.64cm²。叶形近圆形，叶片厚0.21mm，叶色深绿，叶面平，叶片呈稍上斜状着生，光泽性强，叶身背卷，叶缘微波状，叶齿锐度锐、密度中、深度浅，叶尖渐尖(图88.3，图88.4)。

花柱上部分裂，柱头分3裂，花柱长11.0mm，花丝长9.0mm，雌蕊高于雄蕊，子房有茸毛(图88.5)。

秋季一芽三叶干样茶多酚12.76%，氨基酸3.51%，咖啡碱2.28%，水浸出物38.53%。

图88.1 春梢   图88.2 植株（春）

图 88.3　秋梢

图 88.4　叶片（秋）

图 88.5　花

类型16　中叶、近圆形、叶色绿

类型16-089

灌木型，树姿半开张，中叶类。

春季新梢芽叶色泽黄绿，一芽三叶长80.00mm，一芽三叶百芽重40.0g。芽叶茸毛少，光泽性中，春季新梢密度中（图89.1，图89.2）。

秋季定型叶叶长71mm，叶宽42mm，叶面积20.87cm²。叶形近圆形，叶片厚0.39mm，叶色绿，叶面微隆起，叶片呈稍上斜状着生，光泽性中，叶身平，叶缘微波状，叶齿锐度锐、密度中、深度浅，叶尖渐尖（图89.3～图89.5）。

花柱上部分裂，杜头分3裂，花柱长16.0mm，花丝长13.0mm，雌蕊高于雄蕊，子房有茸毛（图89.6）。果实三角形，直径23.0mm，果皮厚0.52mm；种子球形，重1.76g，直径14.80mm，种皮棕褐色。结实力中。

秋季一芽三叶干样茶多酚13.92%，氨基酸2.34%，咖啡碱1.25%，水浸出物40.16%。

图 89.1　春梢

图 89.2　植株（春）

图 89.3　秋梢

图 89.4　植株（秋）

图 89.5　叶片（秋）

图 89.6　花

类型17 小叶、长椭圆形、叶色深绿

类型17-090

灌木型，树姿半开张，小叶类。

春季新梢芽叶色泽紫绿，一芽三叶长70.00mm，一芽三叶百芽重110.0g。芽叶茸毛中，光泽性强，新梢密度中（图90.1，图90.2）。

秋季定型叶叶长86mm，叶宽31mm，叶面积18.66cm^2。叶形长椭圆形，叶片厚0.28mm，叶色深绿，叶面隆起，叶片呈上斜状着生，光泽性强，叶身稍内折，叶缘平直状，叶齿锐度锐、密度稀、深度浅，叶尖渐尖（图90.3～图90.5）。

花柱上部分裂，柱头分3裂，花柱长13.0mm，花丝长11.0mm，雌蕊高于雄蕊，子房有茸毛（图90.6）。

秋季一芽三叶干样茶多酚14.30%，氨基酸3.00%，咖啡碱2.32%，水浸出物43.82%。

图90.1 春梢

图90.2 植株（春）

图 90.3　秋梢

图 90.4　植株（秋）

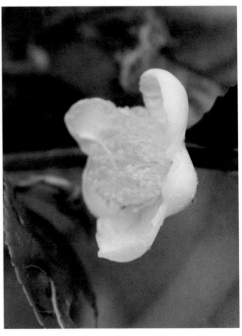

图 90.5　叶片（秋）

图 90.6　花

类型17-091

灌木型，树姿半开张，小叶类。

春季新梢芽叶色泽浅绿，一芽三叶长77.50mm，一芽三叶百芽重56.3g。芽叶茸毛少，光泽性中，新梢密度中(图91.1，图91.2)。

秋季定型叶叶长78mm，叶宽30mm，叶面积16.38cm²。叶形长椭圆形，叶片厚0.20mm，叶色深绿，叶面平，叶片呈稍上斜状着生，光泽性强，叶身稍内折，叶缘平直状，叶齿锐度锐、密度密、深度浅，叶尖渐尖(图91.3~图91.5)。

花柱上部分裂，柱头分3裂，花柱长11.5mm，花丝长13.0mm，雌蕊低于雄蕊，子房有茸毛(图91.6)。果实三角形，直径25.8mm，果皮厚1.37mm；种子球形，重0.93g，直径11.60mm，种皮棕褐色。结实力强。

秋季一芽三叶干样茶多酚14.61%，氨基酸1.76%，咖啡碱2.05%，水浸出物39.10%。

图 91.1 春梢

图 91.2 植株（春）

图 91.3　秋梢

图 91.4　植株（秋）

图 91.5　叶片（秋）

图 91.6　花

类型18 小叶、长椭圆形、叶色绿

类型18-092

灌木型，树姿半开张，小叶类。

春季新梢芽叶色泽黄绿，一芽三叶长90.00mm，一芽三叶百芽重78.2g。芽叶茸毛中，光泽性中，新梢密度中(图92.1，图92.2)。

秋季定型叶叶长85mm，叶宽32mm，叶面积19.04cm²。叶形长椭圆形，叶片厚0.26mm，叶色绿，叶面平，叶片呈稍上斜状着生，光泽性中，叶身稍内折，叶缘微波状，叶齿锐度锐、密度中、深度浅，叶尖渐尖(图92.3～图92.5)。

花柱上部分裂，柱头分3裂，花柱长12.0mm，花丝长13.0mm，雌蕊低于雄蕊，子房有茸毛(图92.6)。果实三角形，直径33.0mm，果皮厚0.82mm；种子球形，重0.81g，直径13.60mm，种皮棕色。结实力中。

秋季一芽三叶干样茶多酚14.06%，氨基酸2.98%，咖啡碱0.78%，水浸出物47.12%。

图92.1 春梢

图92.2 植株（春）

图 92.3　秋梢

图 92.4　植株（秋）

图 92.5　叶片（秋）

图 92.6　花

类型18-093

灌木型，树姿半开张，小叶类。

春季新梢芽叶色泽浅绿，一芽三叶长83.75mm，一芽三叶百芽重61.0g。芽叶茸毛少，光泽性中，新梢密度中(图93.1，图93.2)。

秋季定型叶叶长65mm，叶宽25mm，叶面积11.38cm²。叶形长椭圆形，叶片厚0.24mm，叶色绿，叶面平，叶片呈水平状着生，光泽性中，叶身稍内折，叶缘波状，叶齿锐度锐、密度中、深度中，叶尖渐尖(图93.3～图93.5)。

花柱上部分裂，柱头分3裂，花柱长14.0mm，花丝长10.0mm，雌蕊高于雄蕊，子房有茸毛。果实三角形，直径21.0mm，果皮厚1.96mm；种子球形，重11.23g，直径13.30mm，种皮棕褐色(图93.6)。结实力强。

秋季一芽三叶干样茶多酚12.41%，氨基酸2.45%，咖啡碱2.28%，水浸出物41.08%。

图93.1　春梢　　　　　　　　　　　　图93.2　植株(春)

图 93.3　秋梢

图 93.4　植株（秋）

图 93.5　叶片（秋）

图 93.6　果实

类型19　小叶、长椭圆形、叶色浅绿

类型19-094

灌木型，树姿半开张，小叶类。

春季新梢芽叶色泽浅绿，一芽三叶长91.00mm，一芽三叶百芽重67.0g。芽叶茸毛少，光泽性中，新梢密度中（图94.1，图94.2）。

秋季定型叶叶长78mm，叶宽24mm，叶面积13.10cm²。叶形长椭圆形，叶片厚0.21mm，叶色浅绿，叶面平，叶片呈稍上斜状着生，光泽性中，叶身稍内折，叶缘微波状，叶齿锐度锐、密度密、深度浅，叶尖渐尖（图94.3～图94.5）。

花柱上部分裂，柱头分3裂，花柱长14.0mm，花丝长13.0mm，雌蕊高于雄蕊，子房有茸毛（图94.6）。果实三角形，直径29.0mm，果皮厚0.65mm；种子球形，重1.19g，直径14.00mm，种皮棕褐色。结实力中。

秋季一芽三叶干样茶多酚18.49%，氨基酸3.28%，咖啡碱1.12%，水浸出物42.23%。

图94.1　春梢　　　　　　　　　　　　　　　图94.2　植株（春）

图 94.3　秋梢

图 94.4　植株（秋）

图 94.5　叶片（秋）

图 94.6　花

类型19-095

灌木型，树姿半开张，小叶类。

春季新梢芽叶色泽浅绿，一芽三叶长66.00mm，一芽三叶百芽重44.0g。芽叶茸毛少，光泽性中，新梢密度中(图95.1，图95.2)。

秋季定型叶叶长83mm，叶宽30mm，叶面积17.43cm²。叶形长椭圆形，叶片厚0.32mm，叶色浅绿，叶面平，叶片呈稍上斜状着生，光泽性中，叶身稍内折，叶缘微波状，叶齿锐度中、密度中、深度浅，叶尖渐尖(图95.3～图95.5)。

花柱上部分裂，柱头分3裂，花柱长10.0mm，花丝长15.0mm，雌蕊低于雄蕊，子房有茸毛(图95.6)。

图95.1　春梢

图95.2　植株（春）

图 95.3 秋梢

图 95.4 植株（秋）

图 95.5 叶片（秋）

图 95.6 花

类型20　小叶、椭圆形、叶色深绿

类型20-096

灌木型，树姿半开张，小叶类。

春季新梢芽叶色泽浅绿，一芽三叶长93.00mm，一芽三叶百芽重58.0g。芽叶茸毛中，光泽性中，新梢密度密（图96.1，图96.2）。

秋季定型叶叶长81mm，叶宽32mm，叶面积18.14cm²。叶形椭圆形，叶片厚0.26mm，叶色深绿，叶面平，叶片呈上斜状着生，光泽性强，叶身稍内折，叶缘微波状，叶齿锐度锐、密度密、深度浅，叶尖渐尖（图96.3～图96.5）。

花柱上部分裂，柱头分3裂，花柱长15.0mm，花丝长12.0mm，雌蕊高于雄蕊，子房有茸毛（图96.6）。果实三角形，直径19.5mm，果皮厚0.92mm；种子球形，重0.86g，直径12.50mm，种皮棕色。结实力中。

秋季一芽三叶干样茶多酚13.67%，氨基酸1.82%，咖啡碱1.84%，水浸出物40.89%。

图 96.1　春梢　　　　　　　　　　　　　　　图 96.2　植株（春）

图 96.3　秋梢 図 96.4　植株（秋）

图 96.5　叶片（秋） 图 96.6　花

类型21 小叶、椭圆形、叶色绿

类型21-097

灌木型，树姿半开张，小叶类。

春季新梢芽叶色泽浅绿，一芽三叶长98.00mm，一芽三叶百芽重107.6g。芽叶茸毛中，光泽性中，春季新梢密度中（图97.1，图97.2）。

秋季定型叶叶长73mm，叶宽31mm，叶面积15.84cm²。叶形椭圆形，叶片厚0.32mm，叶色绿，叶面微隆起，叶片呈上斜状着生，光泽性中，叶身稍内折，叶缘平直状，叶齿锐度锐、密度中、深度浅，叶尖渐尖（图97.3～图97.5）。

花柱上部分裂，柱头分3裂，花柱长10.0mm，花丝长9.0mm，雌蕊高于雄蕊，子房有茸毛（图97.6）。果实三角形，直径27.8mm，果皮厚0.63mm；种子球形，重2.26g，直径13.50mm，种皮棕褐色。结实力中。

秋季一芽三叶干样茶多酚17.25%，氨基酸1.73%，咖啡碱2.69%，水浸出物33.12%。

图 97.1 春梢

图 97.2 植株（春）

图 97.3　秋梢

图 97.4　植株（秋）

图 97.5　叶片（秋）

图 97.6　花

类型21-098

灌木型，树姿半开张，小叶类。

春季新梢芽叶色泽黄绿，一芽三叶长123.00mm，一芽三叶百芽重81.1g。芽叶茸毛少，光泽性中，春季新梢密度中（图98.1，图98.2）。

秋季定型叶叶长78mm，叶宽32mm，叶面积17.47cm^2。叶形椭圆形，叶片厚0.33mm，叶色绿，叶面微隆起，叶片呈稍上斜状着生，光泽性中，叶身稍内折，叶缘微波状，叶齿锐度锐、密度中、深度浅，叶尖渐尖（图98.3～图98.5）。

花柱上部分裂，柱头分3裂，花柱长14.0mm，花丝长13.0mm，雌蕊高于雄蕊，子房有茸毛（图98.6）。结实力弱。

秋季一芽三叶干样茶多酚12.97%，氨基酸2.75%，咖啡碱0.52%，水浸出物55.54%。

图98.1 春梢

图98.2 植株（春）

图 98.3　秋梢　　　　　　　　　　　　　　图 98.4　植株（秋）

图 98.5　叶片（秋）　　　　　　　　　　　图 98.6　花

类型21-099

灌木型，树姿半开张，小叶类。

春季新梢芽叶色泽黄绿。芽叶茸毛中，光泽性中，春季新梢密度密（图99.1，图99.2）。

秋季定型叶叶长65mm，叶宽26mm，叶面积11.83cm²。叶形椭圆形，叶片厚0.32mm，叶色绿，叶面微隆起，叶片呈稍上斜状着生，光泽性中，叶身稍内折，叶缘微波状，叶齿锐度锐、密度稀、深度浅，叶尖渐尖（图99.3～图99.5）。

花柱上部分裂，柱头分3裂，花柱长13.0mm，花丝长14.0mm，雌蕊低于雄蕊，子房有茸毛。果实三角形，直径25.0mm，果皮厚0.90mm；种子球形，重1.42g，直径14.50mm，种皮棕色（图99.6）。结实力弱。

图99.1　春梢

图99.2　植株（春）

图 99.3　秋梢

图 99.4　植株（秋）

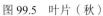

图 99.5　叶片（秋）

图 99.6　果实

类型21-100

灌木型，树姿半开张，小叶类。

春季新梢芽叶色泽黄绿，一芽三叶长91.00mm，一芽三叶百芽重74.8g，芽叶茸毛少，光泽性中，春季新梢密度中(图100.1，图100.2)。

秋季定型叶叶长84mm，叶宽34mm，叶面积19.99cm^2。叶形椭圆形，叶片厚0.26mm，叶色绿，叶面微隆起，叶片呈稍上斜状着生，光泽性中，叶身背卷，叶缘平直状，叶齿锐度锐、密度中、深度浅，叶尖渐尖(图100.3～图100.5)。

花柱上部分裂，柱头分3裂，花柱长10.0mm，花丝长8.0mm，雌蕊高于雄蕊，子房有茸毛(图100.6)。种子球形，重0.16g，直径9.80mm，种皮棕色。结实力中。

秋季一芽三叶干样茶多酚20.09%，氨基酸2.75%，咖啡碱1.16%，水浸出物43.62%。

图 100.1　春梢

图 100.2　植株（春）

图 100.3　秋梢

图 100.4　植株（秋）

图 100.5　叶片（秋）

图 100.6　花

类型21-101

灌木型，树姿半开张，小叶类。

春季新梢芽叶色泽浅绿，一芽三叶长35.75mm，一芽三叶百芽重12.5g。芽叶茸毛少，光泽性弱，春季新梢密度稀(图101.1，图101.2)。

秋季定型叶叶长79mm，叶宽32mm，叶面积17.70cm²。叶形椭圆形，叶片厚0.24mm，叶色绿，叶面平，叶片呈上斜状着生，光泽性中，叶身稍内折，叶缘平直状，叶齿锐度中、密度中、深度中，叶尖钝尖(图101.3～图101.5)。

花柱上部分裂，柱头分3裂，花柱长8.0mm，花丝长8.0mm，雌蕊等于雄蕊，子房有茸毛(图101.6)。果实三角形，直径25.3mm，果皮厚0.52mm；种子球形，重1.98g，直径14.50mm，种皮棕褐色。结实力弱。

秋季一芽三叶干样茶多酚17.32%，氨基酸3.04%，咖啡碱2.05%，水浸出物49.26%。

图101.1 春梢

图101.2 植株（春）

图 101.3　秋梢

图 101.4　植株（秋）

图 101.5　叶片（秋）

图 101.6　花

类型21-102

灌木型，树姿半开张，小叶类。

春季新梢芽叶色泽黄绿，一芽三叶长58.00mm，一芽三叶百芽重34.9g。芽叶茸毛中，光泽性强，新梢密度中（图102.1，图102.2）。

秋季定型叶叶长37mm，叶宽16mm，叶面积4.14cm²。叶形椭圆形，叶片厚0.22mm，叶色绿，叶面平，叶片呈上斜状着生，光泽性中，叶身稍内折，叶缘微波状，叶齿锐度锐、密度密、深度浅，叶尖钝尖（图102.3，图102.4）。

花柱上部分裂，柱头分4裂，花柱长13.0mm，花丝长10.0mm，雌蕊高于雄蕊，子房有茸毛。结实力弱。

秋季一芽三叶干样含茶多酚11.97%，氨基酸2.61%，咖啡碱1.42%，水浸出物36.95%。

图 102.1　春梢

图 102.2　植株（春）

图 102.3　植株（秋）

图 102.4　叶片（秋）

类型21-103

灌木型，树姿半开张，小叶类。

春季新梢芽叶色泽黄绿，一芽三叶长100.60mm，一芽三叶百芽重78.8g。芽叶茸毛少，光泽性强，春季新梢密度中（图103.1，图103.2）。

秋季定型叶叶长61mm，叶宽30mm，叶面积12.81cm²。叶形椭圆形，叶片厚0.34mm，叶色绿，叶面平，叶片呈稍上斜状着生，光泽性强，叶身稍内折，叶缘平直状，叶齿锐度锐、密度密、深度浅，叶尖渐尖（图103.3～图103.5）。

花柱上部分裂，柱头分3裂，花柱长11.5mm，花丝长11.0mm，雌蕊高于雄蕊，子房有茸毛（图103.6）。果实三角形，直径26.5mm，果皮厚0.52mm；种子球形，重1.50g，直径13.80mm，种皮褐色。结实力弱。

秋季一芽三叶干样茶多酚16.73%，氨基酸3.11%，咖啡碱2.31%，水浸出物49.24%。

图 103.1　春梢

图 103.2　植株（春）

图 103.3　秋梢

图 103.4　植株（秋）

图 103.5　叶片（秋）

图 103.6　花

类型21-104

灌木型，树姿半开张，小叶类。

春季新梢芽叶色泽黄绿，一芽三叶长121.40mm，一芽三叶百芽重114.8g。芽叶茸毛少，光泽性中，春季新梢密度密(图104.1，图104.2)。

秋季定型叶叶长65mm，叶宽32mm，叶面积14.56cm²。叶形椭圆形，叶片厚0.31mm，叶色绿，叶面平，叶片呈稍上斜状着生，光泽性中，叶身稍内折，叶缘微波状，叶齿锐度锐、密度中、深度浅，叶尖渐尖(图104.3～图104.5)。

花柱上部分裂，柱头分3裂，花柱长12.0mm，花丝长10.0mm，雌蕊高于雄蕊，子房有茸毛(图104.6)。结实力弱。

图 104.1　春梢

图 104.2　植株（春）

图 104.3　秋梢

图 104.4　植株（秋）

图 104.5　叶片（秋）

图 104.6　花

类型21-105

灌木型，树姿半开张，小叶类。

春季新梢芽叶色泽黄绿，一芽三叶长54.00mm，一芽三叶百芽重55.0g。芽叶茸毛中，光泽性强，春季新梢密度密（图105.1，图105.2）。

秋季定型叶叶长38mm，叶宽18mm，叶面积4.79cm²。叶形椭圆形，叶片厚0.24mm，叶色绿，叶面平，叶片呈稍上斜状着生，光泽性中，叶身稍内折，叶缘微波状，叶齿锐度锐、密度密、深度浅，叶尖渐尖（图105.3～图105.5）。

花柱上部分裂，柱头分3裂，花柱长15.0mm，花丝长12.0mm，雌蕊高于雄蕊，子房有茸毛。果实三角形，直径23.0mm，果皮厚0.90mm；种子球形，重2.49g，直径16.20mm，种皮棕褐色。结实力弱。

图 105.1 春梢

图 105.2 植株（春）

图 105.3　秋梢

图 105.4　植株（秋）

图 105.5　叶片（秋）

类型21-106

灌木型，树姿半开张，小叶类。

春季新梢芽叶色泽黄绿，一芽三叶长28.00mm，一芽三叶百芽重42.0g。芽叶茸毛多，光泽性中，春季新梢密度密。

秋季定型叶叶长52mm，叶宽22mm，叶面积8.01cm²。叶形椭圆形，叶片厚0.21mm，叶色绿，叶面平，叶片呈稍上斜状着生，光泽性中，叶身背卷，叶缘平直状，叶齿锐度锐、密度中、深度浅，叶尖渐尖（图106.1～图106.4）。

秋季一芽三叶干样茶多酚16.15%，氨基酸2.15%，咖啡碱1.32%，水浸出物46.05%。

图106.1　秋梢

图106.2　植株（秋）

图 106.3 叶片（秋）

图 106.4 花

类型21-107

灌木型，树姿半开张，小叶类。

春季新梢芽叶色泽黄绿，一芽三叶长28.00mm，一芽三叶百芽重42.0g。芽叶茸毛多，光泽性中，春季新梢密度密（图107.1，图107.2）。

秋季定型叶叶长80mm，叶宽32mm，叶面积17.92cm^2。叶形椭圆形，叶片厚0.31mm，叶色绿，叶面平，叶片呈稍上斜状着生，光泽性中，叶身稍内折，叶缘平直状，叶齿锐度锐、密度中、深度中，叶尖渐尖（图107.3，图107.4）。

花柱上部分裂，柱头分3裂，花柱长8.0mm，花丝长13.0mm，雌蕊低于雄蕊，子房有茸毛（图107.5）。

图 107.1　春梢

图 107.2　植株（春）

图 107.3　植株（秋）

图 107.4　叶片（秋）

图 107.5　花

类型21-108

灌木型，树姿半开张，小叶类。

春季新梢芽叶色泽黄绿，一芽三叶长70.00mm，一芽三叶百芽重47.6g。芽叶茸毛中，光泽性强，新梢密度稀(图108.1，图108.2)。

秋季定型叶叶长65mm，叶宽32mm，叶面积14.56cm^2。叶形椭圆形，叶片厚0.25mm，叶色绿，叶面平，叶片呈水平状着生，光泽性中，叶身背卷，叶缘平直状，叶齿锐度锐、密度中、深度浅，叶尖渐尖(图108.3，图108.4)。

花柱中部分裂，柱头分3裂，花柱长10.0mm，花丝长8.0mm，雌蕊高于雄蕊，子房有茸毛(图108.5)。

图 108.1　春梢　　　　　　　　　　　　图 108.2　植株（春）

图 108.3　植株（秋）

图 108.4　叶片（秋）

图 108.5　花

类型22　小叶、椭圆形、叶色浅绿

类型22-109

灌木型，树姿半开张，小叶类。

春季新梢芽叶色泽黄绿，一芽三叶长57.40mm，一芽三叶百芽重38.6g。芽叶茸毛中，光泽性中，春季新梢密度中(图109.1，图109.2)。

秋季定型叶叶长61mm，叶宽25mm，叶面积10.68cm²。叶形椭圆形，叶片厚0.28mm，叶色浅绿，叶面平，叶片呈稍上斜状着生，光泽性中，叶身稍内折，叶缘平直状，叶齿锐度锐、密度密、深度浅，叶尖渐尖(图109.3～图109.5)。

花柱上部分裂，柱头分3裂，花柱长11.0mm，花丝长12.0mm，雌蕊低于雄蕊，子房有茸毛。果实肾形，直径19.2mm，果皮厚1.13mm；种子球形，重1.10g，直径12.30mm，种皮棕褐色(图109.6)。结实力强。

秋季一芽三叶干样茶多酚16.33%，氨基酸1.35%，咖啡碱0.34%，水浸出物42.81%。

图 109.1　春梢

图 109.2　植株（春）

图 109.3　秋梢

图 109.4　植株（秋）

图 109.5　叶片（秋）

图 109.6　花

参考文献

班秋艳, 纪晓明, 余有本, 闫满朝, 胡歆, 潘宇婷, 任华江, 丁帅涛, 江昌俊.
2018. 陕西茶树种质资源表型性状遗传多样性研究[J]. 安徽农业大学
学报, 45(4): 575-579.

陈亮, 杨亚军, 虞富莲. 2005. 茶树种质资源描述规范和数据标准[M]. 北京:
中国农业出版社.

程良斌. 1992. 陕西省茶树品种资源调查[J]. 中国茶叶, 4(6): 32-34.

江昌俊. 2011. 茶树育种学(第二版)[M]. 北京: 中国农业出版社.

张文驹, 戎俊, 韦朝领, 高连明, 陈家宽. 2018. 栽培茶树的驯化起源与传
播[J]. 生物多样性, 26 (4): 357-372.

附　录

表1　陕西茶树地方种质资源春季芽叶性状

大类编号-小类编号	大类类型	芽叶性状（春）					
		新梢密度	芽叶色泽	一芽三叶长（mm）	一芽三叶百芽重（g）	芽叶茸毛	芽叶光泽
1-001	大叶、长椭圆形、叶色深绿	中	黄绿	129.00	132.2	少	强
2-002	大叶、长椭圆形、叶色绿	密	黄绿	64.00	88.0	多	强
2-003		中	浅绿	108.00	130.0	中	中
3-004	大叶、椭圆形、叶色深绿	密	黄绿	55.00	87.0	多	强
3-005		密	浅绿	128.00	149.0	中	中
3-006		密	浅绿	62.50	77.0	中	强
3-007		中	黄绿	91.60	90.6	少	中
3-008		中	绿	81.00	85.0	中	中
4-009	大叶、椭圆形、叶色绿	密	浅绿	73.00	64.0	多	中
4-010		密	浅绿	73.00	95.0	多	强
4-011		密	浅绿	76.00	92.0	中	中
4-012		密	浅绿	73.00	64.0	多	中
4-013		中	黄绿	102.00	86.0	少	中
4-014		密	黄绿	62.50	62.0	多	中
4-015		中	浅绿	75.00	83.0	少	中
4-016		中	浅绿	116.00	98.0	少	中
5-017	大叶、椭圆形、叶色浅绿	稀	黄绿	71.35	36.5	少	中
5-018		稀	浅绿	85.00	38.0	中	中
6-019	大叶、近圆形、叶色深绿	密	黄绿	72.00	74.0	多	强
7-020	大叶、近圆形、叶色绿	密	浅绿	55.00	86.0	中	强
7-021		中	黄绿	55.00	56.0	中	强
8-022	中叶、长椭圆形、叶色深绿	中	黄绿	88.20	79.7	中	强
8-023		中	黄绿	89.50	90.2	少	中
8-024		密	紫绿	54.00	36.0	少	中
8-025		中	黄绿	130.00	132.0	少	中
8-026		中	黄绿	95.00	79.0	少	中
8-027		密	浅绿	40.00	49.0	中	强
8-028		密	黄绿	78.00	62.0	中	中
8-029		密	浅绿	96.40	76.0	少	中
8-030		稀	浅绿	103.00	80.4	少	中
8-031		密	黄绿	117.00	97.0	少	强

续表

大类编号-小类编号	大类类型	芽叶性状（春）					
		新梢密度	芽叶色泽	一芽三叶长（mm）	一芽三叶百芽重（g）	芽叶茸毛	芽叶光泽
9-032	中叶、长椭圆形、叶色绿	稀	黄绿	102.40	88.2	中	中
9-033		密	黄绿	47.00	40.0	多	强
9-034		密	紫绿	49.50	51.9	少	强
9-035		中	浅绿	78.20	64.6	中	中
9-036		中	黄绿	79.00	54.0	少	中
9-037		中	黄绿	74.00	56.1	少	强
9-038		稀	黄绿	78.00	97.0	多	中
9-039		密	黄绿	113.00	123.0	少	强
9-040		稀	紫绿	90.60	79.4	少	中
9-041		密	黄绿	73.00	—	中	强
10-042	中叶、长椭圆形、叶色浅绿	稀	黄绿	86.00	71.0	少	中
10-043		稀	黄绿	80.00	54.0	少	中
10-044		密	黄绿	105.40	96.4	少	中
10-045		—	—	—	—	—	—
11-046	中叶、椭圆形、叶色深绿	密	浅绿	64.00	70.0	多	强
11-047		密	浅绿	52.00	49.0	中	强
11-048		稀	黄绿	105.40	96.4	少	中
11-049		密	浅绿	52.50	129.0	中	强
11-050		中	黄绿	97.40	80.2	中	强
11-051		密	浅绿	50.00	63.0	中	中
11-052		中	黄绿	94.60	98.4	中	强
11-053		中	黄绿	75.60	73.7	中	中
11-054		中	黄绿	89.80	86.2	少	中
11-055		中	黄绿	120.00	149.6	少	中
11-056		中	黄绿	86.20	77.0	少	中
12-057	中叶、椭圆形、叶色绿	密	浅绿	59.00	55.0	多	强
12-058		密	浅绿	56.00	77.0	多	强
12-059		密	黄绿	70.00	75.0	中	强
12-060		密	黄绿	107.00	104.0	中	中
12-061		密	黄绿	82.80	76.4	多	中
12-062		稀	紫绿	125.40	116.0	少	中

续表

大类编号-小类编号	大类类型	芽叶性状（春）					
		新梢密度	芽叶色泽	一芽三叶长（mm）	一芽三叶百芽重（g）	芽叶茸毛	芽叶光泽
12-063		中	浅绿	99.00	96.2	少	中
12-064		密	黄绿	90.20	72.4	少	中
12-065		密	紫绿	74.00	60.1	少	中
12-066		密	浅绿	78.20	71.7	少	中
12-067		中	紫绿	81.00	64.6	少	强
12-068		稀	浅绿	103.00	85.6	少	中
12-069		稀	黄绿	78.70	53.0	多	强
12-070		中	黄绿	80.00	54.4	中	中
12-071	中叶、椭圆形、叶色绿	密	黄绿	52.00	38.0	多	强
12-072		稀	黄绿	73.00	59.0	少	强
12-073		密	黄绿	94.20	113.3	中	中
12-074		稀	黄绿	64.00	49.0	多	强
12-075		中	黄绿	94.60	85.2	中	中
12-076		中	黄绿	101.00	83.9	中	强
12-077		密	黄绿	145.20	156.8	少	强
12-078		稀	黄绿	103.00	79.7	少	强
12-079		稀	浅绿	121.00	134.4	中	中
13-080		中	黄绿	71.60	50.2	少	中
13-081		—	—	—	—	—	—
13-082		密	浅绿	71.00	73.0	多	强
13-083	中叶、椭圆形、叶色浅绿	稀	黄绿	98.00	94.0	中	中
13-084		稀	黄绿	81.40	63.2	少	强
13-085		密	黄绿	92.80	94.6	少	中
13-086		稀	黄绿	110.00	94.0	少	中
14-087	中叶、椭圆形、叶色灰绿	密	紫绿	69.00	68.0	多	中
15-088	中叶、近圆形、叶色深绿	密	黄绿	78.00	81.0	中	中
16-089	中叶、近圆形、叶色绿	中	黄绿	80.00	40.0	少	中
17-090	小叶、长椭圆形、叶色深绿	中	紫绿	70.00	110.0	中	强
17-091		中	浅绿	77.50	56.3	少	中
18-092	小叶、长椭圆形、叶色绿	中	黄绿	90.00	78.2	中	中
18-093		中	浅绿	83.75	61.0	少	中

续表

大类编号 - 小类编号	大类类型	芽叶性状（春）					
		新梢密度	芽叶色泽	一芽三叶长（mm）	一芽三叶百芽重（g）	芽叶茸毛	芽叶光泽
19-094	小叶、长椭圆形、叶色浅绿	中	浅绿	91.00	67.0	少	中
19-095		中	浅绿	66.00	44.0	少	中
20-096	小叶、椭圆形、叶色深绿	密	浅绿	93.00	58.0	中	中
21-097	小叶、椭圆形、叶色绿	中	浅绿	98.00	107.6	中	中
21-098		中	黄绿	123.00	81.1	少	中
21-099		密	黄绿	—	—	中	中
21-100		中	黄绿	91.00	74.8	少	中
21-101		稀	浅绿	35.75	12.5	少	弱
21-102		中	黄绿	58.00	34.9	中	强
21-103		中	黄绿	100.60	78.8	少	强
21-104		密	黄绿	121.40	114.8	少	中
21-105		密	黄绿	54.00	55.0	中	强
21-106		密	黄绿	28.00	42.0	多	中
21-107		密	黄绿	28.00	42.0	多	中
21-108		稀	黄绿	70.00	47.6	中	强
22-109	小叶、椭圆形、叶色浅绿	中	黄绿	57.40	38.6	中	中

"—"表示未观测

表2　陕西茶树地方种质资源定型叶片性状

大类编号-小类编号	大类类型	叶长(mm)	叶宽(mm)	叶片性状（定型叶）									
				叶面积(cm²)	叶形	叶色	叶面隆起性	叶片着生角度	光泽性	叶身	叶缘	叶齿锐度、密度、深度	叶片厚度(mm)	叶头
1-001	大叶、长椭圆形、叶色深绿	146	55	56.21（大叶）	长椭圆形	深绿	平	水平	强	稍内折	微波状	中、稀、浅	0.36	渐尖
2-002	大叶、长椭圆形、叶色绿	137	51	48.91（大叶）	长椭圆形	绿	微隆起	稍上斜	中	稍内折	微波状	锐、密、浅	0.25	渐尖
2-003		137	46	44.11（大叶）	长椭圆形	绿	平	上斜	中	平	平直状	锐、中、中	0.30	渐尖
3-004	大叶、椭圆形、叶色深绿	132	53	48.97（大叶）	椭圆形	深绿	隆起	上斜	强	稍内折	微波状	锐、中、浅	0.37	渐尖
3-005		125	58	50.75（大叶）	椭圆形	深绿	隆起	稍上斜	强	平	微波状	锐、中、中	0.36	渐尖
3-006		128	52	46.59（大叶）	椭圆形	深绿	微隆起	稍上斜	强	稍内折	波状	中、稀、中	0.37	渐尖
3-007		118	54	44.60（大叶）	椭圆形	深绿	微隆起	稍上斜	强	稍内折	微波状	锐、中、深	0.26	渐尖
3-008		113	53	41.92（大叶）	椭圆形	深绿	平	稍上斜	中	背卷	波状	锐、中、浅	0.26	渐尖
4-009		140	63	61.74（大叶）	椭圆形	绿	隆起	上斜	中	平	平直状	钝、稀、浅	0.18	渐尖
4-010		112	54	42.34（大叶）	椭圆形	绿	微隆起	上斜	中	平	波状	锐、稀、浅	0.22	渐尖
4-011	大叶、椭圆形、叶色绿	125	58	50.75（大叶）	椭圆形	绿	微隆起	上斜	中	稍内折	波状	中、中、浅	0.26	渐尖
4-012		138	56	54.10（大叶）	椭圆形	绿	微隆起	稍上斜	强	平	微波状	锐、中、中	0.51	渐尖
4-013		125	60	52.50（大叶）	椭圆形	绿	微隆起	稍上斜	中	背卷	波状	锐、中、浅	0.21	渐尖
4-014		133	54	50.27（大叶）	椭圆形	绿	平	水平	中	稍内折	微波状	锐、稀、浅	0.24	渐尖
4-015		110	52	40.04（大叶）	椭圆形	绿	平	上斜	中	平	平直状	锐、中、浅	0.22	渐尖
4-016		138	55	53.13（大叶）	椭圆形	绿	微隆起	稍上斜	强	平	波状	锐、中、深	0.28	渐尖
5-017	大叶、椭圆形、叶色浅绿	123	51	43.91（大叶）	椭圆形	浅绿	微隆起	上斜	中	平	平直状	锐、中、浅	0.22	渐尖
5-018		112	55	43.12（大叶）	椭圆形	浅绿	微隆起	水平	中	平	平直状	锐、密、浅	0.39	渐尖
6-019	大叶、近圆形、叶色深绿	125	85	74.38（大叶）	近圆形	深绿	微隆起	稍上斜	强	稍内折	平直状	锐、稀、中	0.41	圆尖

续表

大类编号-小类编号	大类类型	叶长(mm)	叶宽(mm)	叶面积(cm²)	叶片性状（定型叶）									
					叶形	叶色	叶面隆起性	叶片着生角度	光泽性	叶身	叶缘	叶齿锐度、密度、深度	叶片厚度(mm)	叶尖
7-020	大叶、近圆形、叶色绿	107	55	41.20（大叶）	近圆形	绿	微隆起	水平	中	平	微波状	锐、中、深	0.22	渐尖
7-021		108	62	46.87（大叶）	近圆形	绿	平	稍上斜	中	—	平直状	锐、中、浅	0.19	钝尖
8-022	中叶、长椭圆形、叶色深绿	104	39	28.39（中叶）	长椭圆形	深绿	微隆起	稍上斜	中	稍内折	微波状	锐、中、浅	0.29	渐尖
8-023		111	39	30.30（中叶）	长椭圆形	深绿	微隆起	稍上斜	中	稍内折	微波状	中、中、中	0.26	渐尖
8-024		90	35	22.05（中叶）	长椭圆形	深绿	微隆起	水平	强	平	微波状	锐、中、浅	0.18	渐尖
8-025		110	38	29.26（中叶）	长椭圆形	深绿	平	上斜	强	稍内折	波状	锐、中、浅	0.28	急尖
8-026		106	33	24.49（中叶）	长椭圆形	深绿	平	稍上斜	强	稍内折	波状	锐、稀、浅	0.34	渐尖
8-027		105	40	29.40（中叶）	长椭圆形	深绿	平	稍上斜	强	平	波状	锐、稀、中	0.28	渐尖
8-028		102	36	25.70（中叶）	长椭圆形	深绿	平	稍上斜	中	平	微波状	锐、中、中	0.25	渐尖
8-029		95	32	21.28（中叶）	长椭圆形	深绿	平	稍上斜	强	稍内折	波状	中、中、浅	0.40	渐尖
8-030		110	40	30.80（中叶）	长椭圆形	深绿	平	水平	强	平	平直状	中、中、浅	0.34	渐尖
8-031		105	41	30.14（中叶）	长椭圆形	深绿	平	水平	中	稍内折	平直状	锐、中、中	0.29	渐尖
9-032	中叶、长椭圆形、叶色绿	95	31	20.62（中叶）	长椭圆形	绿	隆起	上斜	中	平	微波状	锐、中、浅	0.29	钝尖
9-033		101	33	23.33（中叶）	长椭圆形	绿	微隆起	稍上斜	中	稍内折	微波状	锐、稀、浅	0.12	渐尖
9-034		104	39	28.39（中叶）	长椭圆形	绿	微隆起	稍上斜	中	平	微波状	锐、稀、浅	0.16	渐尖
9-035		107	34	25.47（中叶）	长椭圆形	绿	平	上斜	中	稍内折	微波状	中、稀、浅	0.27	渐尖
9-036		95	33	21.95（中叶）	长椭圆形	绿	平	上斜	中	平	平直状	锐、中、浅	0.19	渐尖
9-037		110	36	27.72（中叶）	长椭圆形	绿	平	稍上斜	中	稍内折	平直状	中、密、中	0.35	钝尖
9-038		96	34	22.85（中叶）	长椭圆形	绿	平	稍上斜	中	稍内折	波状	锐、密、浅	0.12	渐尖

续表

大类编号-小类编号	大类类型	叶长(mm)	叶宽(mm)	叶面积(cm²)	叶形	叶色	叶面隆起性	叶片性状（定型叶）						
								叶片着生角度	光泽性	叶身	叶缘	叶齿锐度、密度、深度	叶片厚度(mm)	叶头
9-039	中叶、长椭圆形、叶色绿	132	42	38.81（中叶）	长椭圆形	绿	平	水平	中	稍内折	微波状	中、稀、浅	0.25	渐尖
9-040		113	42	33.22（中叶）	长椭圆形	绿	平	水平	中	背卷	平直状	锐、稀、浅	0.23	渐尖
9-041		113	42	33.22（中叶）	长椭圆形	绿	微隆起	稍上斜	中	背卷	波状	锐、密、浅	0.36	渐尖
10-042	中叶、长椭圆形、叶色浅绿	107	33	24.72（中叶）	长椭圆形	浅绿	平	上斜	中	平	平直状	锐、稀、浅	0.22	渐尖
10-043		105	36	26.46（中叶）	长椭圆形	浅绿	平	上斜	中	平	平直状	锐、中、浅	0.32	渐尖
10-044		118	42	34.69（中叶）	长椭圆形	浅绿	平	稍上斜	中	平	平直状	锐、中、浅	0.30	圆尖
10-045		98	37	25.38（中叶）	长椭圆形	浅绿	平	水平	强	背卷	波状	锐、稀、浅	0.26	渐尖
11-046	中叶、椭圆形、叶色深绿	98	48	32.93（中叶）	椭圆形	深绿	隆起	上斜	强	平	微波状	锐、稀、浅	0.38	渐尖
11-047		96	43	28.90（中叶）	椭圆形	深绿	隆起	稍上斜	强	平	平直状	中、中、中	0.35	渐尖
11-048		89	35	21.81（中叶）	椭圆形	深绿	隆起	稍上斜	强	背卷	微波状	锐、密、中	0.30	渐尖
11-049		112	45	35.28（中叶）	椭圆形	深绿	隆起	水平	强	平	波状	中、中、浅	0.26	渐尖
11-050		81	37	20.98（中叶）	椭圆形	深绿	微隆起	上斜	强	稍内折	平直状	锐、中、浅	0.43	渐尖
11-051		89	40	24.92（中叶）	椭圆形	深绿	微隆起	稍上斜	强	平	微波状	锐、中、中	0.33	渐尖
11-052		119	48	39.98（中叶）	椭圆形	深绿	微隆起	稍上斜	强	平	波状	锐、密、中	0.28	钝尖
11-053		110	45	34.65（中叶）	椭圆形	深绿	微隆起	稍上斜	强	背卷	波状	锐、中、浅	0.26	渐尖
11-054		105	46	33.81（中叶）	椭圆形	深绿	微隆起	水平	强	平	微波状	中、中、浅	0.20	圆尖
11-055		106	45	33.39（中叶）	椭圆形	深绿	平	水平	强	背卷	波状	锐、中、中	0.11	渐尖
11-056		111	50	38.85（中叶）	椭圆形	绿	平	上斜	中	背卷	平直状	锐、稀、浅	0.27	钝尖
12-057	中叶、椭圆形、叶色绿	85	42	24.99（中叶）	椭圆形	绿	隆起	上斜	中	稍内折	微波状	锐、中、密	0.25	渐尖
12-058		83	36	20.92（中叶）	椭圆形	绿	隆起	上斜	中	平	微波状	锐、密、浅	0.26	钝尖

续表

大类编号-小类编号	大类类型	叶长(mm)	叶宽(mm)	叶面积(cm²)	叶形	叶色	叶面隆起性	叶片着生角度	光泽性	叶身	叶缘	叶齿锐度、密度、深度	叶片厚度(mm)	叶尖
									叶片性状（定型叶）					
12-059	中叶、椭圆形、叶色绿	86	43	25.89（中叶）	椭圆形	绿	隆起	水平	中	背卷	平直状	锐、稀、浅	0.20	渐尖
12-060		90	39	24.57（中叶）	椭圆形	绿	微隆起	上斜	中	稍内折	波状	锐、中、浅	0.31	渐尖
12-061		98	42	28.81（中叶）	椭圆形	绿	微隆起	上斜	中	稍内折	平直状	中、中、浅	0.38	渐尖
12-062		89	40	24.92（中叶）	椭圆形	绿	微隆起	上斜	中	稍内折	波状	锐、密、浅	0.32	渐尖
12-063		97	43	29.20（中叶）	椭圆形	绿	微隆起	上斜	中	稍内折	平直状	锐、中、浅	0.34	渐尖
12-064		90	43	27.09（中叶）	椭圆形	绿	微隆起	上斜	强	平	微波状	锐、中、浅	0.30	钝尖
12-065		88	40	24.64（中叶）	椭圆形	绿	微隆起	上斜	中	稍内折	微波状	中、密、浅	0.20	渐尖
12-066		78	38	20.75（中叶）	椭圆形	绿	微隆起	稍上斜	中	稍内折	微波状	锐、中、浅	0.29	钝尖
12-067		88	36	22.18（中叶）	椭圆形	绿	微隆起	稍上斜	中	平	平直状	锐、中、浅	0.23	渐尖
12-068		84	43	25.28（中叶）	椭圆形	绿	微隆起	稍上斜	中	背卷	微波状	锐、锐、浅	0.25	渐尖
12-069		108	48	36.29（中叶）	椭圆形	绿	微隆起	稍上斜	中	稍内折	平直状	中、稀、浅	0.44	渐尖
12-070		87	35	21.32（中叶）	椭圆形	绿	平	上斜	强	稍内折	平直状	锐、中、浅	0.35	渐尖
12-071		85	35	20.83（中叶）	椭圆形	绿	平	上斜	中	稍内折	波状	中、中、浅	0.26	渐尖
12-072		100	41	28.70（中叶）	椭圆形	绿	平	上斜	中	稍内折	微波状	锐、密、浅	0.26	渐尖
12-073		96	41	27.55（中叶）	椭圆形	绿	平	稍上斜	中	稍内折	平直状	锐、中、浅	0.28	渐尖
12-074		88	39	24.02（中叶）	椭圆形	绿	平	稍上斜	中	稍内折	波状	锐、中、浅	0.40	渐尖
12-075		82	40	22.96（中叶）	椭圆形	绿	平	稍上斜	强	稍内折	平直状	锐、密、浅	0.35	渐尖
12-076		96	38	25.54（中叶）	椭圆形	绿	平	稍上斜	中	平	微波状	中、密、浅	0.33	渐尖
12-077		98	39	26.75（中叶）	椭圆形	绿	平	水平	中	稍内折	波状	锐、中、中	0.24	渐尖
12-078		102	50	35.70（中叶）	椭圆形	绿	平	水平	中	背卷	波状	锐、中、中	0.31	渐尖
12-079		85	34	20.23（中叶）	椭圆形	绿	平	水平	中	背卷	平直状	锐、中、中	0.21	渐尖

续表

大类编号-小类编号	大类类型	叶片性状（定型叶）												
		叶长(mm)	叶宽(mm)	叶面积(cm²)	叶形	叶色	叶面隆起性	叶片着生角度	光泽性	叶身	叶缘	叶齿锐度、密度、深度	叶片厚度(mm)	叶尖
13-080	中叶、椭圆形、叶色浅绿	93	42	27.34（中叶）	椭圆形	浅绿	隆起	上斜	中	稍内折	微波状	锐、密、浅	0.33	渐尖
13-081		97	44	29.88（中叶）	椭圆形	绿	微隆起	上斜	中	稍内折	平直状	锐、中、浅	0.26	钝尖
13-082		110	45	34.65（中叶）	椭圆形	浅绿	微隆起	稍上斜	暗	稍内折	平直状	锐、中、中	0.22	渐尖
13-083		98	46	31.56（中叶）	椭圆形	浅绿	微隆起	稍上斜	中	平	微波状	锐、中、浅	0.31	渐尖
13-084		106	52	38.58（中叶）	椭圆形	浅绿	微隆起	稍上斜	中	平	波状	中、稀、浅	0.19	钝尖
13-085		87	35	21.32（中叶）	椭圆形	浅绿	平	稍上斜	中	稍内折	平直状	锐、密、浅	0.23	渐尖
13-086		87	36	21.92（中叶）	椭圆形	浅绿	平	稍上斜	暗	稍内折	平直状	中、中、中	0.24	钝尖
14-087	中叶、椭圆形、叶色灰绿	91	40	25.48（中叶）	椭圆形	灰绿	微隆起	上斜	中	平	平直状	锐、中、浅	0.32	渐尖
15-088	中叶、近圆形、叶色深绿	80	44	24.64（中叶）	近圆形	深绿	平	稍上斜	强	背卷	微波状	锐、中、浅	0.21	渐尖
16-089	中叶、近圆形、叶色浅绿	71	42	20.87（中叶）	近圆形	绿	微隆起	稍上斜	中	平	微波状	锐、中、浅	0.39	渐尖
17-090	小叶、长椭圆形、叶色深绿	86	31	18.66（小叶）	长椭圆形	深绿	隆起	上斜	强	稍内折	平直状	锐、稀、浅	0.28	渐尖
17-091		78	30	16.38（小叶）	长椭圆形	深绿	平	稍上斜	强	稍内折	平直状	锐、密、浅	0.20	渐尖
18-092	小叶、长椭圆形、叶色绿	85	32	19.04（小叶）	长椭圆形	绿	平	稍上斜	中	稍内折	微波状	锐、中、中	0.26	渐尖
18-093		65	25	11.38（小叶）	长椭圆形	绿	平	水平	中	稍内折	波状	锐、中、浅	0.24	渐尖
19-094	小叶、长椭圆形、叶色浅绿	78	24	13.10（小叶）	长椭圆形	浅绿	平	稍上斜	中	稍内折	微波状	锐、密、浅	0.21	渐尖
19-095		83	30	17.43（小叶）	长椭圆形	浅绿	平	稍上斜	中	稍内折	微波状	中、中、浅	0.32	渐尖
20-096	小叶、椭圆形、叶色深绿	81	32	18.14（小叶）	椭圆形	深绿	平	上斜	强	稍内折	微波状	锐、密、浅	0.26	渐尖
21-097	小叶、椭圆形、叶色绿	73	31	15.84（小叶）	椭圆形	绿	微隆起	稍上斜	中	稍内折	平直状	锐、中、浅	0.32	渐尖
21-098		78	32	17.47（小叶）	椭圆形	绿	微隆起	稍上斜	中	稍内折	微波状	锐、中、浅	0.33	渐尖

续表

大类编号 - 小类编号	大类类型	叶长 (mm)	叶宽 (mm)	叶面积 (cm²)	叶形	叶色	叶面隆起性	叶片着生角度	光泽性	叶身	叶缘	叶齿锐度、密度、深度	叶片厚度 (mm)	叶头
21-099	小叶、椭圆形、叶色绿	65	26	11.83（小叶）	椭圆形	绿	微隆起	稍上斜	中	稍内折	微波状	锐、稀、浅	0.32	渐尖
21-100		84	34	19.99（小叶）	椭圆形	绿	微隆起	稍上斜	中	背卷	平直状	锐、中、浅	0.26	渐尖
21-101		79	32	17.70（小叶）	椭圆形	绿	平	上斜	中	稍内折	平直状	中、中、中	0.24	钝尖
21-102		37	16	4.14（小叶）	椭圆形	绿	平	上斜	中	稍内折	微波状	锐、密、浅	0.22	钝尖
21-103		61	30	12.81（小叶）	椭圆形	绿	平	稍上斜	强	稍内折	平直状	锐、密、浅	0.34	渐尖
21-104		65	32	14.56（小叶）	椭圆形	绿	平	稍上斜	中	稍内折	微波状	锐、中、浅	0.31	渐尖
21-105		38	18	4.79（小叶）	椭圆形	绿	平	稍上斜	中	稍内折	微波状	锐、密、浅	0.24	渐尖
21-106		52	22	8.01（小叶）	椭圆形	绿	平	稍上斜	中	背卷	平直状	锐、中、浅	0.21	渐尖
21-107		80	32	17.92（小叶）	椭圆形	绿	平	稍上斜	中	稍内折	平直状	锐、中、中	0.31	渐尖
21-108		65	32	14.56（小叶）	椭圆形	浅绿	平	水平	中	背卷	平直状	锐、中、浅	0.25	渐尖
22-109	小叶、椭圆形、叶色浅绿	61	25	10.68（小叶）	椭圆形	浅绿	平	稍上斜	中	稍内折	平直状	锐、密、浅	0.28	渐尖

表 3　陕西桑树地方种质资源花、果和种子性状

大类编号-小类编号	大类类型	花柱长度(mm)	花柱分裂部位	花柱分裂数	子房茸毛	花丝长度(mm)	雌雄蕊相对高度	结实力	果实形状	果实直径(mm)	果皮厚度(mm)	种子形状	种子重量(g)	种子直径(mm)	种皮色泽
						花、果和种子性状									
1-001	大叶、长椭圆形,叶色深绿	13.0	上部	3	有	12.0	高于	弱	三角形	—	0.89	半球形	—	9.50	棕色
2-002	大叶、长椭圆形,叶色深绿	15.0	上部	3	有	10.5	高于	弱	三角形	27.9	1.22	球形	1.96	14.50	棕褐色
2-003		13.0	上部	3	有	11.0	高于	—	—	—	—	—	—	—	—
3-004		13.0	上部	3	有	11.0	高于	弱	—	—	—	—	—	—	—
3-005		16.0	上部	3	有	13.0	高于	弱	—	—	—	—	—	—	—
3-006	大叶、椭圆形,叶色深绿	16.0	上部	3	有	12.0	高于	弱	肾形	22.5	0.74	球形	2.23	15.62	棕色
3-007		14.5	上部	3	有	13.0	高于	中	三角形	23.4	0.74	半球形	1.15	10.65	棕褐色
3-008		—	—	—	—	—	—	—	—	—	—	—	—	—	—
4-009		—	—	—	—	—	—	—	—	—	—	—	—	—	—
4-010		—	—	—	—	—	—	—	—	—	—	—	—	—	—
4-011	大叶、椭圆形,叶色绿	13.0	上部	3	有	13.0	等于	中	肾形	23.5	0.73	球形	1.86	14.90	棕褐色
4-012		17.0	中部	3	有	15.0	高于	中	肾形	25.0	0.93	球形	0.92	12.60	棕色
4-013		13.0	中部	3	有	—	高于	—	—	—	—	—	—	—	—
4-014		16.0	中部	3	有	14.0	高于	弱	三角形	25.5	0.93	半球形	0.84	9.30	棕褐色
4-015		13.0	上部	3	有	15.0	低于	中	三角形	24.0	0.87	球形	2.21	15.60	棕色
4-016		12.0	中部	4	有	15.0	低于	弱	肾形	24.5	0.83	球形	0.72	12.34	褐色
5-017	大叶、椭圆形,叶色浅绿	15.0	上部	3	有	12.0	高于	中	三角形	20.0	0.97	球形	1.26	12.80	棕褐色
5-018		15.0	中部	3	有	17.0	低于	弱	肾形	21.2	0.87	球形	2.33	13.17	褐色
6-019	大叶、近圆形,叶色深绿	17.0	中部	3	有	15.0	高于	弱	三角形	26.5	1.32	球形	1.00	14.31	棕褐色

续表

花、果和种子性状

大类编号-小类编号	大类类型	花柱长度 (mm)	花柱分裂部位	花柱分裂数	子房茸毛	花丝长度 (mm)	雌雄蕊相对高度	结实力	果实形状	果实直径 (mm)	果皮厚度 (mm)	种子形状	种子重量 (g)	种子直径 (mm)	种皮色泽
7-020	大叶、近圆形、叶色绿	12.0	上部	3	有	12.0	等于	中	三角形	20.0	1.01	球形	0.89	11.80	棕褐色
7-021		10.0	上部	3	有	11.0	低于	—	—	—	—	—	—	—	—
8-022	中叶、长椭圆形、叶色深绿	17.0	上部	3	有	12.0	高于	强	三角形	28.0	0.76	球形	0.73	—	褐色
8-023		13.0	上部	3	有	14.0	低于	弱	三角形	23.0	1.75	球形	1.09	13.00	棕褐色
8-024		13.0	上部	3	有	11.0	高于	中	三角形	25.2	0.62	球形	1.68	14.10	棕褐色
8-025		15.0	上部	3	有	13.0	高于	弱	三角形	27.0	0.81	球形	2.40	15.20	褐色
8-026		13.0	上部	3	有	12.0	高于	弱	球形	13.5	0.88	球形	0.91	11.34	棕褐色
8-027		15.0	上部	3	有	12.0	高于	弱	肾形	18.2	0.63	球形	1.12	12.88	棕色
8-028		14.0	上部	3	有	12.0	高于	强	三角形	28.5	0.54	球形	1.60	13.90	棕褐色
8-029		15.0	上部	3	有	10.0	高于	弱	球形	17.0	0.55	球形	1.65	14.20	棕褐色
8-030		10.5	上部	3	有	12.0	低于	弱	三角形	23.2	0.81	球形	1.10	13.00	棕褐色
8-031		13.0	上部	3	有	11.0	高于	中	球形	23.5	0.63	球形	1.17	13.50	褐色
9-032	中叶、长椭圆形、叶色绿	14.0	上部	3	有	12.0	高于	弱	—	—	—	—	—	—	—
9-033		12.0	上部	3	有	8.0	高于	强	三角形	23.0	1.06	球形	0.80	13.00	棕褐色
9-034		12.0	上部	3	有	11.0	高于	弱	—	—	—	—	—	—	—
9-035		12.0	上部	3	有	10.0	高于	弱	—	—	—	—	—	—	—
9-036		11.0	上部	4	有	10.0	高于	—	—	—	—	—	—	—	—
9-037		13.0	上部	3	有	13.0	等于	弱	—	—	—	—	—	—	—
9-038		12.0	中部	3	有	11.0	高于	弱	三角形	25.0	0.39	球形	0.90	10.46	棕褐色

续表

花、果和种子性状

大类编号-小类编号	大类类型	花柱长度(mm)	花柱分裂部位	花柱分裂数	子房茸毛	花丝长度(mm)	雌雄蕊相对高度	结实力	果实形状	果实直径(mm)	果皮厚度(mm)	种子形状	种子重量(g)	种子直径(mm)	种皮色泽
9-039	中叶、长椭圆形、叶色绿	16.0	上部	3	有	12.0	高于	中	三角形	23.0	0.47	球形	0.92	13.70	棕褐色
9-040		15.0	上部	3	有	10.0	高于	中	肾形	22.0	0.57	球形	0.33	13.30	棕色
9-041		11.0	上部	3	有	13.0	低于	弱	三角形	25.2	1.05	球形	0.24	13.20	棕色
10-042	中叶、长椭圆形、叶色浅绿	15.0	中部	3	有	11.0	高于	—	—	—	—	—	—	—	—
10-043		—	—	—	—	—	—	—	—	—	—	—	—	—	—
10-044		15.0	上部	3	有	14.0	高于	弱	球形	16.6	0.63	球形	0.47	11.50	棕褐色
10-045		15.0	中部	3	有	13.0	高于	中	三角形	22.0	0.84	球形	1.60	14.00	棕色
11-046	中叶、椭圆形、叶色深绿	13.0	上部	3	有	11.0	高于	弱	肾形	25.2	0.41	球形	1.78	15.00	棕褐色
11-047		16.0	上部	3	有	14.0	高于	—	—	—	—	—	—	—	—
11-048		—	—	—	—	—	—	—	—	—	—	—	—	—	—
11-049		15.0	上部	3	有	13.0	高于	中	三角形	20.0	0.42	球形	0.28	12.90	棕褐色
11-050		10.0	上部	3	有	11.0	低于	弱	肾形	20.0	0.88	半球形	0.48	7.50	棕褐色
11-051		15.0	上部	3	有	13.0	高于	—	—	—	—	—	—	—	—
11-052		13.0	上部	3	有	12.0	高于	中	肾形	26.0	0.32	球形	0.81	13.70	棕色
11-053		10.0	上部	3	有	15.0	低于	弱	球形	16.8	1.12	球形	1.52	14.00	褐色
11-054		14.5	上部	3	有	12.0	高于	中	三角形	24.0	0.83	球形	0.97	13.00	棕褐色
11-055		15.0	上部	3	有	14.0	高于	中	三角形	29.5	1.32	球形	1.15	12.40	棕褐色
11-056		—	—	—	—	—	—	—	—	—	—	—	—	—	—
12-057	中叶、椭圆形、叶色绿	14.0	上部	3	有	11.0	高于	—	—	—	—	—	—	—	—
12-058		—	—	—	—	—	—	—	—	—	—	—	—	—	—

续表

花、果和种子性状

大类编号-小类编号	大类类型	花柱长度(mm)	花柱分裂部位	花柱分裂数	子房茸毛	花丝长度(mm)	雌雄蕊相对高度	结实力	果实形状	果实直径(mm)	果皮厚度(mm)	种子形状	种子重量(g)	种子直径(mm)	种皮色泽
12-059		14.0	上部	3	有	14.0	等于	弱	三角形	30.0	1.30	球形	1.59	13.00	棕褐色
12-060		13.0	上部	3	有	12.0	高于	—	—	—	—	球形	—	—	—
12-061		10.0	上部	3	有	11.0	低于	弱	三角形	23.2	0.94	球形	1.20	13.20	棕色
12-062		15.0	上部	3	有	13.0	高于	弱	肾形	19.9	0.74	球形	1.48	15.20	棕色
12-063		12.0	上部	3	有	10.0	高于	弱	肾形	21.0	0.55	球形	1.88	14.20	棕色
12-064		—	—	—	—	—	—	—	—	—	—	—	—	—	—
12-065		14.0	上部	3	有	15.0	低于	弱	—	—	—	—	—	—	—
12-066		10.0	下部	3	有	15.0	低于	弱	三角形	14.1	0.65	球形	0.23	7.60	棕褐色
12-067		13.0	上部	3	有	11.0	高于	中	三角形	—	0.44	球形	0.43	13.20	棕色
12-068	中叶、稀圆形、叶色绿	—	—	—	—	—	—	—	—	—	—	—	—	—	—
12-069		13.0	下部	3	有	14.0	低于	弱	—	—	—	—	—	—	—
12-070		11.0	上部	3	有	10.0	高于	弱	—	—	—	—	—	—	—
12-071		14.0	上部	3	有	12.0	高于	弱	球形	22.0	1.50	球形	1.28	13.80	棕色
12-072		15.0	上部	3	有	11.0	高于	弱	—	—	—	—	—	—	—
12-073		16.0	上部	3	有	13.0	高于	弱	—	—	—	—	—	—	—
12-074		13.0	上部	3	有	15.0	低于	弱	肾形	24.9	0.60	球形	1.45	13.00	棕色
12-075		—	—	—	—	—	—	中	—	—	—	—	—	—	—
12-076		9.0	上部	3	有	13.0	低于	弱	球形	18.0	0.65	球形	0.80	13.50	棕褐色
12-077		15.0	上部	3	有	14.0	高于	弱	三角形	25.0	0.94	球形	1.50	14.70	棕色
12-078		16.0	上部	3	有	14.0	高于	弱	三角形	18.8	0.84	球形	0.97	14.17	棕色
12-079		10.0	上部	3	有	11.0	低于	中	三角形	—	0.31	球形	0.57	10.77	棕色

续表

大类编号-小类编号	大类类型	花柱长度(mm)	花柱分裂部位	花柱分裂数	子房茸毛	花丝长度(mm)	雌雄蕊相对高度	结实力	果实形状	果实直径(mm)	果皮厚度(mm)	种子形状	种子重量(g)	种子直径(mm)	种皮色泽
13-080	中叶、椭圆形、叶色浅绿	20.0	下部	4	有	13.0	高于	强	三角形	23.6	0.67	球形	1.01	11.80	棕色
13-081		15.0	上部	3	有	9.0	高于	弱	—	—	—	—	—	—	—
13-082		13.0	上部	3	有	15.0	低于	弱	三角形	9.7	0.32	半球形	0.05	7.80	棕色
13-083		15.0	上部	3	有	12.0	高于	—	—	—	—	—	—	—	—
13-084		—	—	—	—	—	—	—	—	—	—	—	—	—	—
13-085		16.0	上部	3	有	13.0	高于	弱	三角形	24.3	1.01	球形	0.35	12.70	棕色
13-086		15.0	下部	3	有	13.0	高于	中	三角形	19.8	0.49	球形	0.70	9.80	褐色
14-087	中叶、椭圆形、叶色灰绿	14.0	上部	3	有	14.0	等于	弱	—	—	—	—	—	—	—
15-088	中叶、近圆形、叶色深绿	11.0	上部	3	有	9.0	高于	—	—	—	—	—	—	—	—
16-089	中叶、近圆形、叶色绿	16.0	上部	3	有	13.0	高于	中	三角形	23.0	0.52	球形	1.76	14.80	棕褐色
17-090	小叶、长椭圆形、叶色深绿	13.0	上部	3	有	11.0	高于	—	—	—	—	—	—	—	—
17-091		11.5	上部	3	有	13.0	低于	强	三角形	25.8	1.37	球形	0.93	11.60	棕褐色
18-092	小叶、长椭圆形、叶色绿	12.0	上部	3	有	13.0	低于	中	三角形	33.0	0.82	球形	0.81	13.60	棕色
18-093		14.0	上部	3	有	10.0	高于	强	三角形	21.0	1.96	球形	11.23	13.30	棕褐色
19-094	小叶、长椭圆形、叶色浅绿	14.0	上部	3	有	13.0	高于	中	三角形	29.0	0.65	球形	1.19	14.00	棕褐色
19-095		10.0	上部	3	有	15.0	低于	—	—	—	—	—	—	—	—
20-096	小叶、椭圆形、叶色深绿	15.0	上部	3	有	12.0	高于	中	三角形	19.5	0.92	球形	0.86	12.50	棕色
21-097	小叶、椭圆形、叶色绿	10.0	上部	3	有	9.0	高于	中	三角形	27.8	0.63	球形	2.26	13.50	棕褐色

花、果和种子性状

续表

花、果和种子性状

大类编号-小类编号	大类类型	花柱长度 (mm)	花柱分裂部位	花柱分裂数	子房茸毛	花丝长度 (mm)	雌雄蕊相对高度	结实力	果实形状	果实直径 (mm)	果皮厚度 (mm)	种子形状	种子重量 (g)	种子直径 (mm)	种皮色泽
21-098	小叶、椭圆形、叶色绿	14.0	上部	3	有	13.0	高于	弱	—	—	—	—	—	—	—
21-099		13.0	上部	3	有	14.0	低于	弱	三角形	25.0	0.90	球形	1.42	14.50	棕色
21-100		10.0	上部	3	有	8.0	高于	中	—	—	—	球形	0.16	9.80	棕色
21-101		8.0	上部	3	有	8.0	等于	弱	三角形	25.3	0.52	球形	1.98	14.50	棕褐色
21-102		13.0	上部	4	有	10.0	高于	弱	—	—	—	—	—	—	—
21-103		11.5	上部	3	有	11.0	高于	弱	三角形	26.5	0.52	球形	1.50	13.80	褐色
21-104		12.0	上部	3	有	10.0	高于	弱	—	—	—	—	—	—	—
21-105		15.0	上部	3	有	12.0	高于	弱	三角形	23.0	0.90	球形	2.49	16.20	棕褐色
21-106		—	—	—	—	—	—	—	—	—	—	—	—	—	—
21-107		8.0	上部	3	有	13.0	低于	—	—	—	—	—	—	—	—
21-108		10.0	中部	3	有	8.0	高于	—	—	—	—	—	—	—	—
22-109	小叶、椭圆形、叶色浅绿	11.0	上部	3	有	12.0	低于	强	肾形	19.2	1.13	球形	1.10	12.30	棕褐色

"—" 表示未观测

表 4　陕西茶树地方种质资源一芽三叶特征性生化成分含量

大类编号 - 小类编号	大类类型	特征性生化成分含量（%）			
		茶多酚	氨基酸	咖啡碱	水浸出物
1-001	大叶、长椭圆形、叶色深绿	16.29	2.44	1.51	32.36
2-002	大叶、长椭圆形、叶色绿	17.10	2.30	1.89	47.31
2-003		9.37	2.44	2.85	35.77
3-004	大叶、椭圆形、叶色深绿	14.21	2.13	1.83	41.12
3-005		15.13	2.43	1.76	41.05
3-006		16.32	2.44	2.15	46.71
3-007		21.62	2.91	2.25	38.79
3-008		9.52	2.37	3.02	37.08
4-009	大叶、椭圆形、叶色绿	7.73	1.66	1.49	34.00
4-010		15.17	4.81	2.50	47.05
4-011		21.37	2.62	3.20	44.23
4-012		16.75	2.31	1.87	43.31
4-013		14.10	1.67	0.32	47.65
4-014		7.38	1.77	1.70	32.72
4-015		9.25	3.09	1.03	36.13
4-016		15.10	2.30	2.89	43.53
5-017	大叶、椭圆形、叶色浅绿	21.13	2.89	1.20	48.63
5-018		11.38	1.69	1.32	45.25
6-019	大叶、近圆形、叶色深绿	15.98	3.16	0.80	43.89
7-020	大叶、近圆形、叶色绿	9.60	1.73	1.94	32.86
7-021		12.27	1.81	0.62	39.01
8-022	中叶、长椭圆形、叶色深绿	—	—	—	—
8-023		15.97	1.89	1.36	43.47
8-024		13.79	3.24	1.11	39.01
8-025		18.37	2.37	0.89	45.99
8-026		19.65	2.48	2.22	45.92
8-027		17.15	2.56	2.13	42.38
8-028		—	—	—	—
8-029		16.13	3.16	0.91	38.56
8-030		14.08	3.12	1.97	44.20
8-031		15.85	2.08	2.25	39.61

续表

大类编号-小类编号	大类类型	特征性生化成分含量（%）			
		茶多酚	氨基酸	咖啡碱	水浸出物
9-032	中叶、长椭圆形、叶色绿	16.17	1.67	1.18	41.04
9-033		—	—	—	—
9-034		12.95	2.52	1.27	37.45
9-035		11.36	2.91	2.25	38.88
9-036		11.27	1.93	1.20	41.01
9-037		15.11	2.18	1.63	42.08
9-038		17.69	2.43	2.82	46.18
9-039		11.15	1.95	1.66	37.74
9-040		14.27	2.33	0.98	41.17
9-041		15.55	3.10	1.74	40.98
10-042	中叶、长椭圆形、叶色浅绿	11.00	2.05	3.97	41.21
10-043		17.46	2.77	1.17	43.90
10-044		13.06	1.75	1.32	37.80
10-045		17.89	2.14	2.00	43.59
11-046	中叶、椭圆形、叶色深绿	—	—	—	—
11-047		14.13	2.93	1.90	41.89
11-048		16.67	4.32	5.28	47.90
11-049		17.62	2.67	1.37	44.94
11-050		17.34	2.42	1.20	45.24
11-051		18.51	2.71	1.33	44.29
11-052		—	—	—	—
11-053		15.54	4.33	1.31	43.01
11-054		13.79	3.24	1.11	39.01
11-055		15.18	2.96	0.83	44.50
11-056		9.26	4.28	3.23	38.00
12-057	中叶、椭圆形、叶色绿	10.79	2.80	2.06	37.54
12-058		16.54	2.43	1.67	41.05
12-059		18.67	2.72	1.35	48.28
12-060		16.24	3.37	2.58	40.26
12-061		—	—	—	—
12-062		—	—	—	—
12-063		—	—	—	—

续表

大类编号 - 小类编号	大类类型	特征性生化成分含量 (%)			
		茶多酚	氨基酸	咖啡碱	水浸出物
12-064	中叶、椭圆形、叶色绿	21.45	2.55	1.27	49.67
12-065		—	—	—	—
12-066		9.60	1.66	1.35	40.85
12-067		10.61	4.33	0.97	40.20
12-068		14.88	1.69	1.19	43.52
12-069		13.08	1.92	1.55	40.51
12-070		17.18	2.78	2.25	46.87
12-071		—	—	—	—
12-072		—	—	—	—
12-073		20.13	3.59	2.39	45.10
12-074		—	—	—	—
12-075		—	—	—	—
12-076		16.63	2.47	1.05	44.07
12-077		13.40	4.01	0.78	41.64
12-078		15.90	2.69	2.60	47.37
12-079		15.89	1.06	1.18	44.00
13-080	中叶、椭圆形、叶色浅绿	16.78	2.46	2.01	46.46
13-081		19.99	3.54	0.98	48.48
13-082		14.46	2.32	2.48	45.58
13-083		15.75	3.08	0.41	43.99
13-084		—	—	—	—
13-085		14.42	2.40	0.93	39.52
13-086		—	—	—	—
14-087	中叶、椭圆形、叶色灰绿	13.87	3.89	3.61	42.48
15-088	中叶、近圆形、叶色深绿	12.76	3.51	2.28	38.53
16-089	中叶、近圆形、叶色绿	13.92	2.34	1.25	40.16
17-090	小叶、长椭圆形、叶色深绿	14.30	3.00	2.32	43.82
17-091		14.61	1.76	2.05	39.10
18-092	小叶、长椭圆形、叶色绿	14.06	2.98	0.78	47.12
18-093		12.41	2.45	2.28	41.08
19-094	小叶、长椭圆形、叶色浅绿	18.49	3.28	1.12	42.23
19-095		—	—	—	—

续表

大类编号 - 小类编号	大类类型	特征性生化成分含量（%）			
		茶多酚	氨基酸	咖啡碱	水浸出物
20-096	小叶、椭圆形、叶色深绿	13.67	1.82	1.84	40.89
21-097	小叶、椭圆形、叶色绿	17.25	1.73	2.69	33.12
21-098		12.97	2.75	0.52	55.54
21-099		—	—	—	—
21-100		20.09	2.75	1.16	43.62
21-101		17.32	3.04	2.05	49.26
21-102		11.97	2.61	1.42	36.95
21-103		16.73	3.11	2.31	49.24
21-104		—	—	—	—
21-105		—	—	—	—
21-106		16.15	2.15	1.32	46.05
21-107		—	—	—	—
21-108		—	—	—	—
22-109	小叶、椭圆形、叶色浅绿	16.33	1.35	0.34	42.81

"—" 表示未检测